주판으로 배우는 암산 수학

7단계

나눗셈

세광m

매직셈을 펴내며…

주산은 교육적 가치뿐만 아니라 의학적인 방법과 과학적인 방법이 동시에 활용되는 우뇌와 좌뇌의 균형있는 계발과 정신집중력, 속청, 속독, 기억력 증진에 탁월한 효능이 인정되는 훌륭한 학문입니다.

주산의 역사는 5,000년이 넘습니다. 고대 중국 문헌 속에 주산에 대한 기록이 있는 것만 보아도 인간 생활에 셈이 얼마나 필요했던 것인가를 알 수 있습니다.

주산은 동양 3국에서 학술과 기능으로 활발하게 연구 개발되었으며, 1970~1980년대에는 한국이 중심축이 되어 세계를 호령했던 기억들이 생생합니다. 그동안 문명의 이기에 밀려 사라졌던 주산이 지금 다시 부활하고 있습니다. 한편으로는 감회가 새롭고 한편으로는 주산 교육의 장래가 걱정스럽습니다. 후배들에게 물려줄 제대로 된 지도서도 없이 이렇게 새로운 물결 속으로 빠져들고 말았으니 그 책임을 통감하지 않을 수 없습니다.

이에 본인은 주산을 통한 암산 교육에 미력하나마 보탬이 되고자 검증된 주산 교재를 내놓게 되었습니다. 지금까지 여러 주산 교재가 나왔으나 주산식 암산에 별로 효과를 거두지 못한 것은 수의 배열이 부실하였기 때문입니다.

〈매직셈〉은 과학적인 수의 배열로 누구나 쉽게 주산 암산을 배우고 지도하기 쉽도록 하였으며, 기존 교재의 부족한 점을 보완하여 단기간에 암산 실력이 길러지도록 하였습니다.

이 교재가 주산 교육을 위한 빛과 소금이 된다면 더 바랄 것이 없으며 남은 여생을 주산 교육을 걱정하고 생각하며, 이 땅에서 오로지 주산인으로 살아갈 것을 약속합니다.

지은이 김일곤

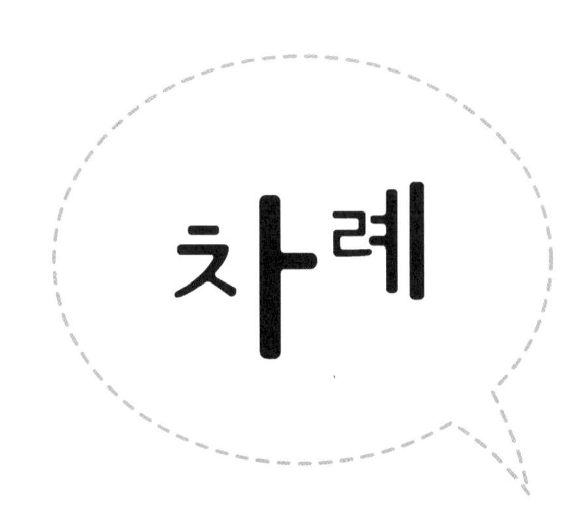
차례

주산과 필산 주산과 필산의 차이점

예제 1 3을 필산으로 배울 때

3

| + | + | = 3

3이란 숫자를 아무 생각 없이 외우고 쓰면서 숫자 3 속에 1이 몇 개 있는지 모르기 때문에 이런 방법으로 가르칠 수밖에 없다.

예제 1 3을 주산으로 배울 때

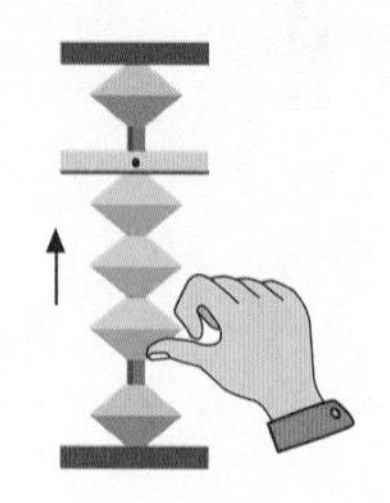

주산에 놓여진 숫자 3은 분류된 숫자이기 때문에 손가락으로 직접 알을 만지면서 1이 세 개 있다는 것이 두뇌에 전달됨과 동시에 입력된다.

예제 2 필산으로 하는 뺄셈

3 − 2 = 1

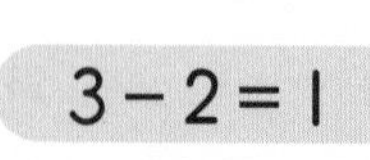

개체물로 위와 같이 지도하기 때문에 계산을 싫어하고 나아가서 암산은 물론 계산에 대한 흥미를 갖지 못한다.

예제 2 주산으로 하는 뺄셈

3 − 2 = 1

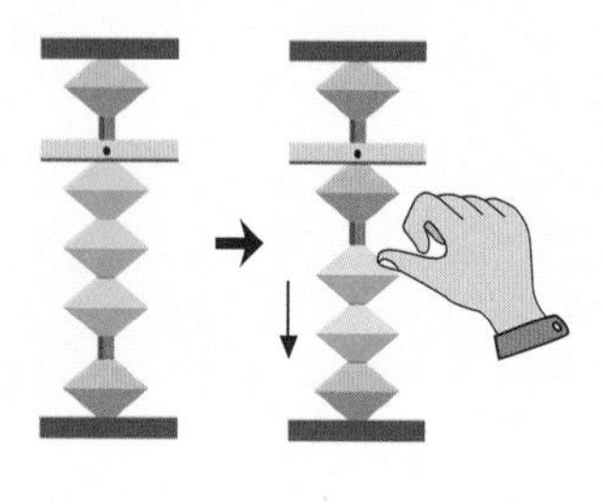

주산은 직접 눈으로 보고 손가락으로 2를 내리면서 두뇌에 전달하기 때문에 1의 숫자가 입력된다.

필산으로 쓰는 숫자는 소리나는 대로 쓰기 때문에 뜻이 담겨 있지 않아서, 지도하면서 전달하는 방법이나 이해하는 것이 쉽지 않기 때문에 결국 암산은 물론 계산도 싫어하게 된다.

주산에 놓아지는 숫자는 필산으로 다루는 숫자와 달리, 뜻이 함께 담겨 있어서(뜻 숫자라고 볼 수 있다) 지도하는 방법이나 이해하는 것이 쉽기 때문에 결국 암산은 물론 계산에 대한 자신감을 갖게 된다.

선지법(선주법, 선진법) 과 후지법(후주법, 후진법)

선지법 지도 방법

3 + 9 = 12

①

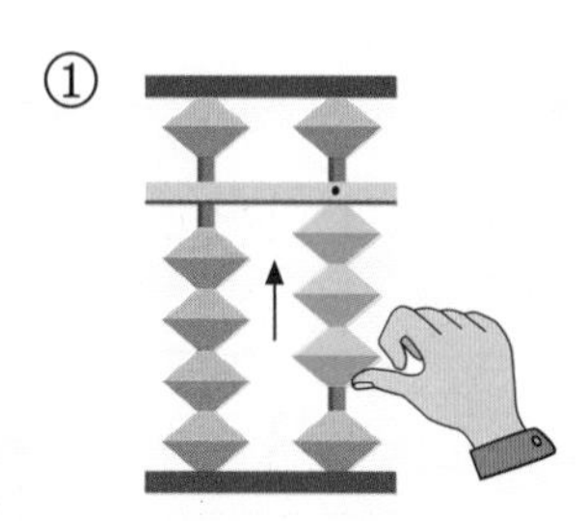

일의 자리에서 엄지로 아래 세 알을 올린다.

②

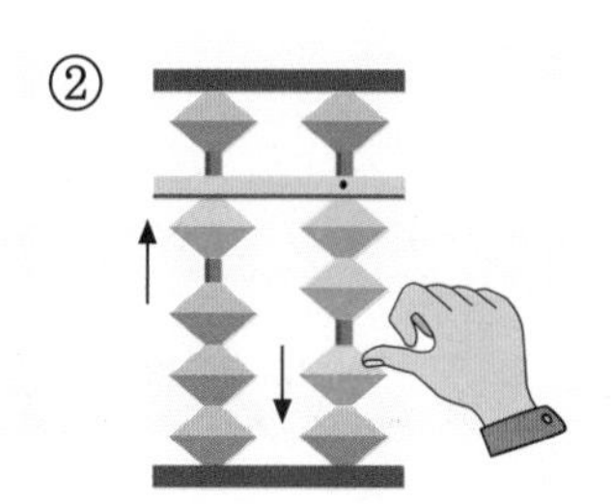

십의 자리에서 엄지로 아래 한 알을 올리고,
일의 자리에서 엄지로 아래 한 알을 내린다.

후지법과 다른 점은 아래알을 올릴 때나 내릴 때 모두 엄지를 사용한다는 것이다.

후지법 지도 방법

3 + 9 = 12

①

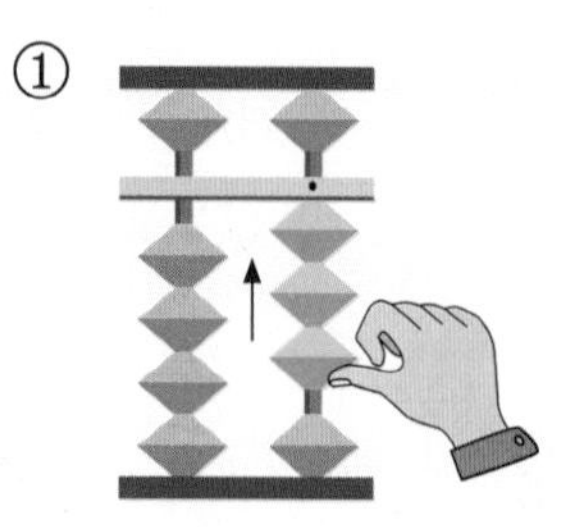

일의 자리에서 아래 세 알을 엄지로 올린다.

②

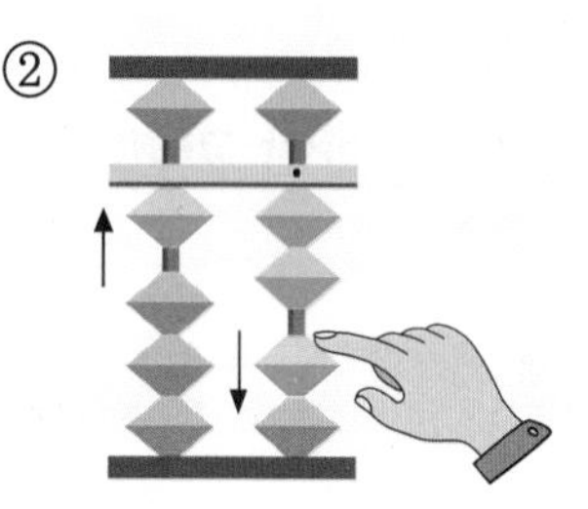

일의 자리에서 검지로 아래 한 알을 내리고,
십의 자리에서 엄지로 아래 한 알을 올린다.

선지법과 다른 점은 아래알을 올릴 때는 엄지를 사용하고, 아래알을 내릴 때는 검지를 사용한다는 것이다.

나눗셈의 기초

나눗셈의 이해

배가 12개 있습니다. 배 12개를 4개씩 묶어 봅니다.

보기

보기 와 같이 배 12개를 4개씩 묶으면 모두 3묶음입니다. 또 배를 3묶음으로 나누었을 때 한 묶음은 4개가 됨을 알 수 있습니다.
이를 식으로 나타내면 $12 \div 4 = 3$이라고 쓰고, 12 나누기 4는 3입니다 라고 읽습니다.
'$12 \div 4 = 3$'과 같은 식을 나눗셈식이라고 하며, 답 3은 12를 4로 나눈 몫이라고 합니다.

$12 \div 4 = 3$	4) 12 = 3
12: 나누어지는 수, 4: 나누는 수, 3: 몫, 답	3 ← 몫, 답; 나누는 수 → 4; 12 ← 나누어지는 수

곱셈과 나눗셈의 관계

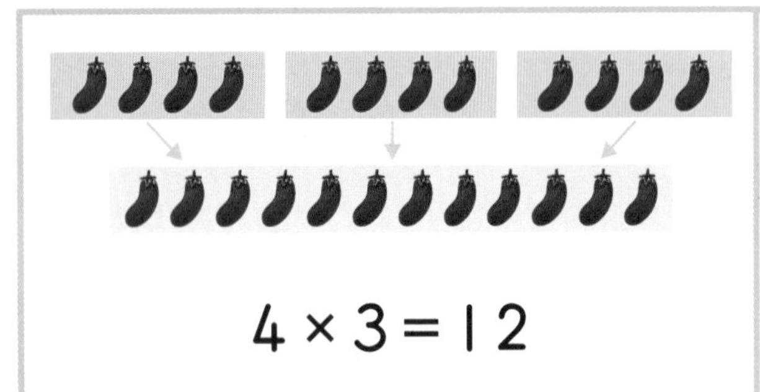

$4 \times 3 = 12$

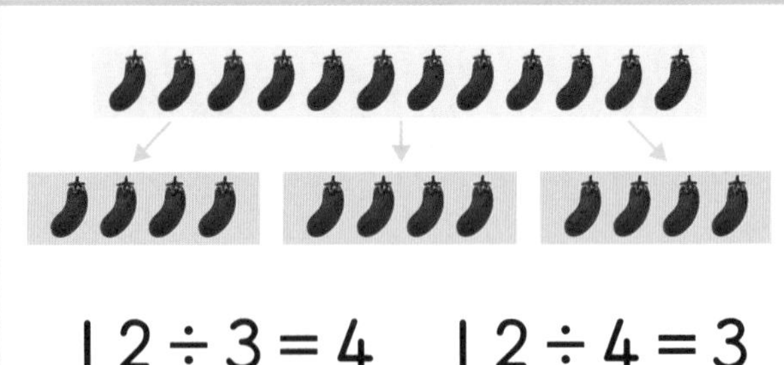

$12 \div 3 = 4$ $12 \div 4 = 3$

곱셈식

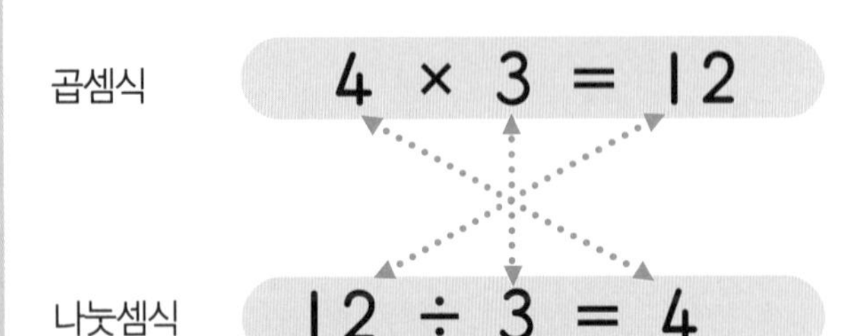

$4 \times 3 = 12$

$12 \div 3 = 4$

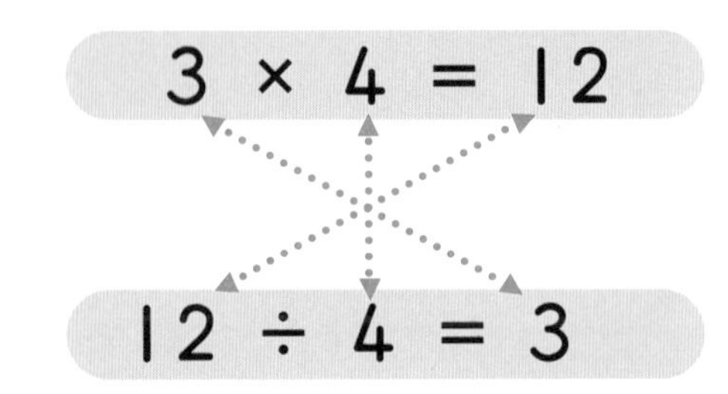

$3 \times 4 = 12$

$12 \div 4 = 3$

나눗셈식

위의 그림과 같이 곱셈과 나눗셈은 서로 반대의 관계에 있으며, 나눗셈의 몫은 곱셈 구구를 통하여 찾아야 함을 알 수 있습니다.

뺄셈과 나눗셈의 관계

① $4 \times 5 = 4 + 4 + 4 + 4 + 4 = 20$

② $15 \div 3 = 15 - 3 - 3 - 3 - 3 - 3 = 0$

①의 곱셈은 같은 수 4를 계속 더하여 답을 찾는 거듭 덧셈의 원리이며,
②의 나눗셈은 15에서 같은 수 3을 계속 빼서 0을 만들어 답을 찾아가는 거듭 뺄셈의 원리입니다. 결국 15에서 3을 계속 5번 뺐더니 0이 되었으므로 $15 \div 3 = 5$ 와 같이 몫을 구합니다.

나눗셈의 나머지

모자 14개를 한 사람에게 3개씩 나누어 주면 보기 와 같이 4명에게 나누어 주고 2개가 남습니다.

보기

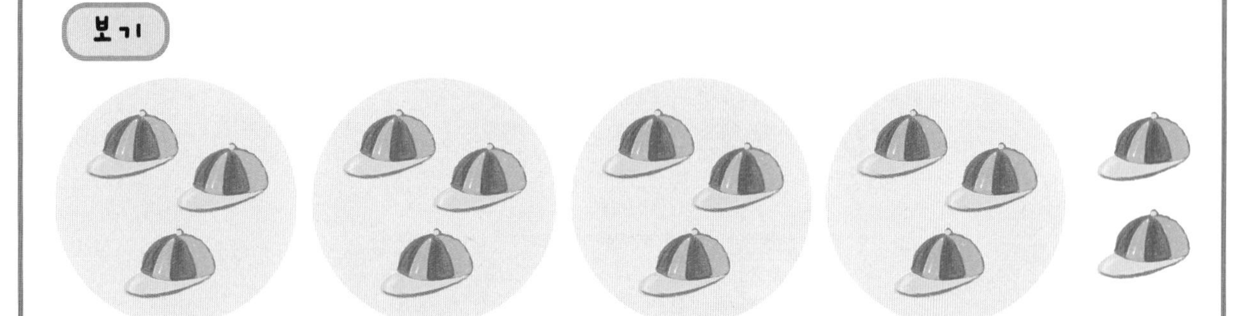

$$\begin{array}{r} 4 \\ 3\overline{)\,14} \\ 12 \\ \hline 2 \end{array}$$

4 ← 몫
12 ← 3×4=12
2 ← 나머지

14를 3으로 나누면 몫은 4이고 2가 남으므로, 2를 $14 \div 3$ 의 나머지라고 합니다.
나머지가 0이 될 때는 나누어 떨어진다라고 합니다.

주판으로 하는 나눗셈

주판으로 나눗셈을 할 때에는 다음의 순서대로 합니다.

첫 번째	나누어지는 수를 주판에 놓는 방법
두 번째	몫을 놓는 자리를 결정하는 방법
세 번째	몫과 나누는 수를 곱하여 나누어지는 수에서 빼는 방법

1. 나누어지는 수를 주판에 놓는 방법

나누어지는 수를 주판에 놓기 위해서는 먼저 자릿수를 구합니다.

자릿수 = 나누어지는 수의 개수 − (나누는 수의 개수 + 1)

예 $564 \div 6$의 자릿수는 $3-(1+1)=1$

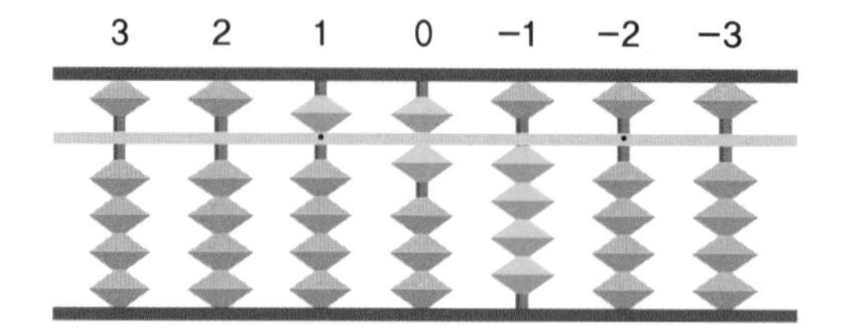

즉, 1의 자리부터 564를 놓습니다.

예 $896 \div 32$의 자릿수는 $3-(2+1)=0$

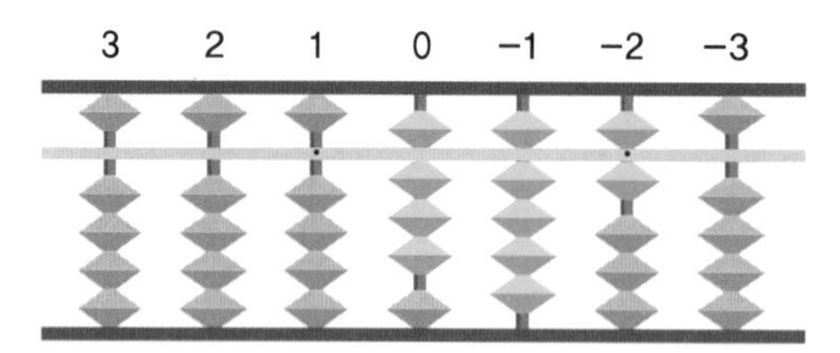

즉, 0의 자리부터 896을 놓습니다.

예 $3,854 \div 47$의 자릿수는 $4-(2+1)=1$

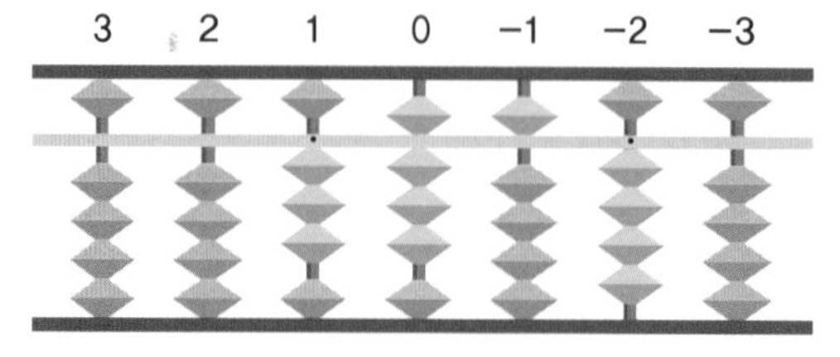

즉, 1의 자리부터 3,854를 놓습니다.

2. 몫을 놓는 자리를 결정하는 방법

몫을 주판에 놓기 위해서는 먼저 나누어지는 수의 첫 수와 나누는 수의 첫 수의 크기를 비교합니다.

1) 나누는 수의 첫 수가 큰 경우

예 $492 \div 6 = 82$

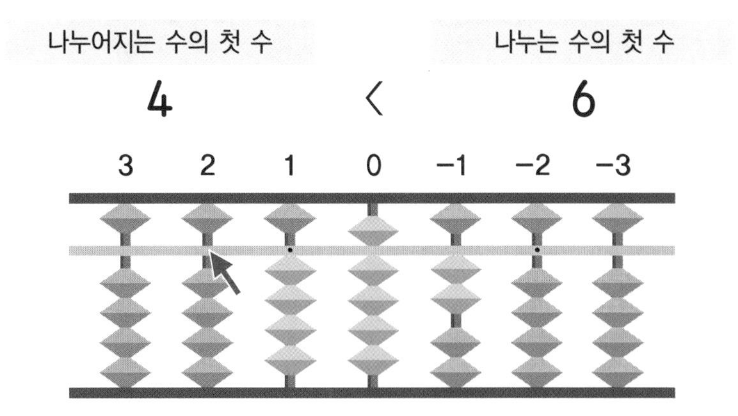

나누는 수의 첫 수가 크면 몫을 나누어지는 수의 첫 수의 바로 앞(왼쪽)에서부터 놓습니다.
즉, 2의 자리부터 몫을 놓습니다.

2) 나누어지는 수의 첫 수가 큰 경우

예 $894 \div 6 = 149$

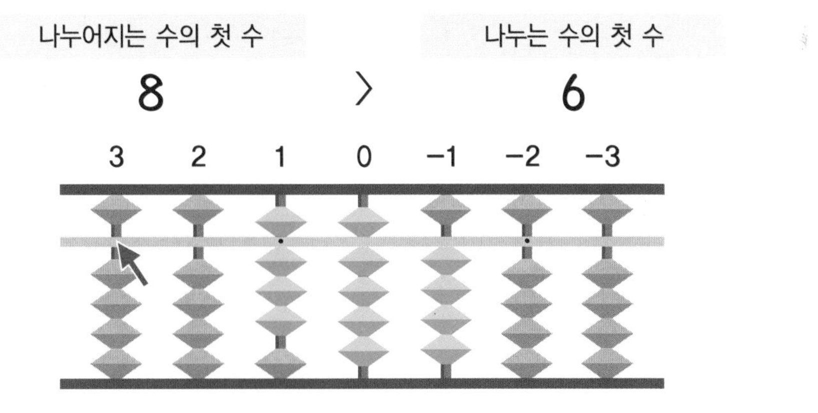

나누어지는 수의 첫 수가 크면 몫을 나누어지는 수의 첫 수의 한 칸 건너(왼쪽)에서부터 놓습니다.
즉, 3의 자리부터 몫을 놓습니다.

3) 나누어지는 첫 수와 나누는 수의 첫 수가 같은 경우

예 $36 \div 3 = 12$

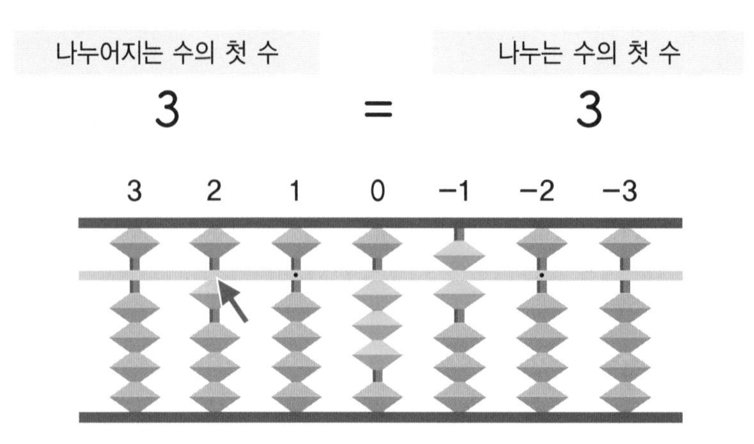

나누어지는 수의 첫 번째 수와 나누는 수의 첫 번째 수가 같을 경우, 나누는 수의 첫 번째 수 왼쪽으로 한 칸 건너 몫 1을 놓습니다.

예 $450 \div 45 = 10$

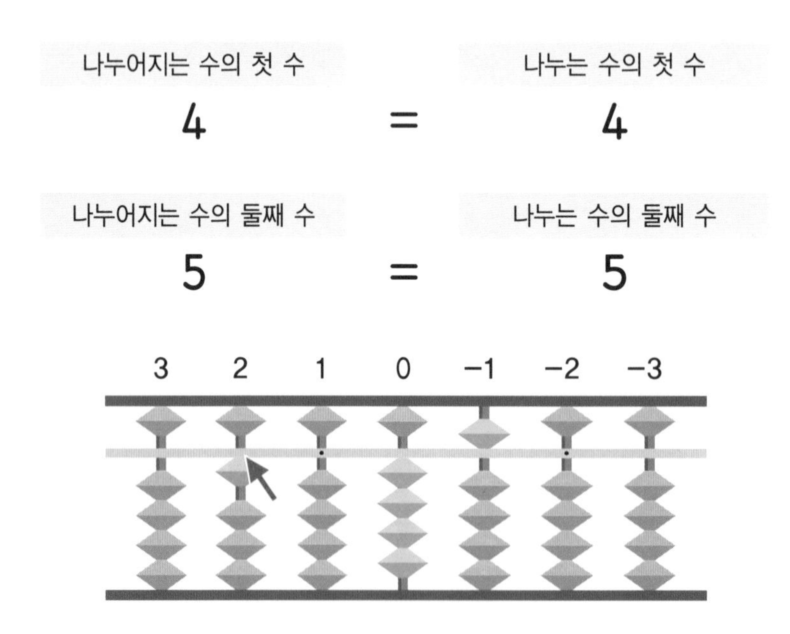

나누어지는 수의 첫 수와 나누는 수의 첫 수가 같으면 나누어지는 수의 둘째 수와 나누는 수의 둘째 수를 비교합니다. 그래도 같으면 세 번째, 그래도 같으면 네 번째 수 등을 계속 비교합니다. 결국 같으면 나누어지는 수의 첫 수의 한 칸 건너(왼쪽)에 1을 놓습니다.

예 234 ÷ 26 = 9

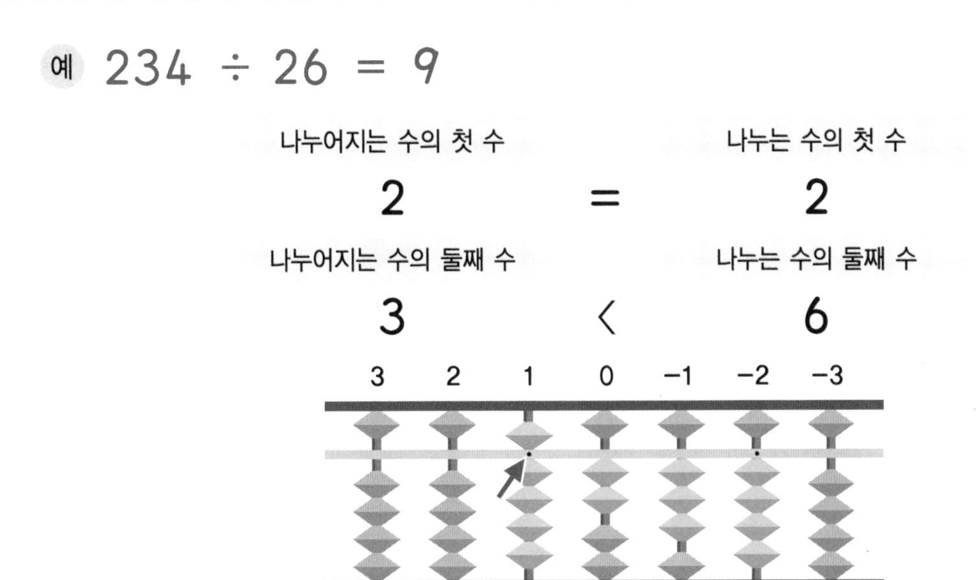

나누어지는 수의 첫 수와 나누는 수의 첫 수가 같지만 나누는 수의 둘째 수가 나누어지는 수의 둘째 수보다 크므로 나누어지는 수의 첫 수의 바로 앞(왼쪽)에 9를 놓습니다. (9가 클 경우 과대상 처리를 합니다.)

예 374 ÷ 34 = 11

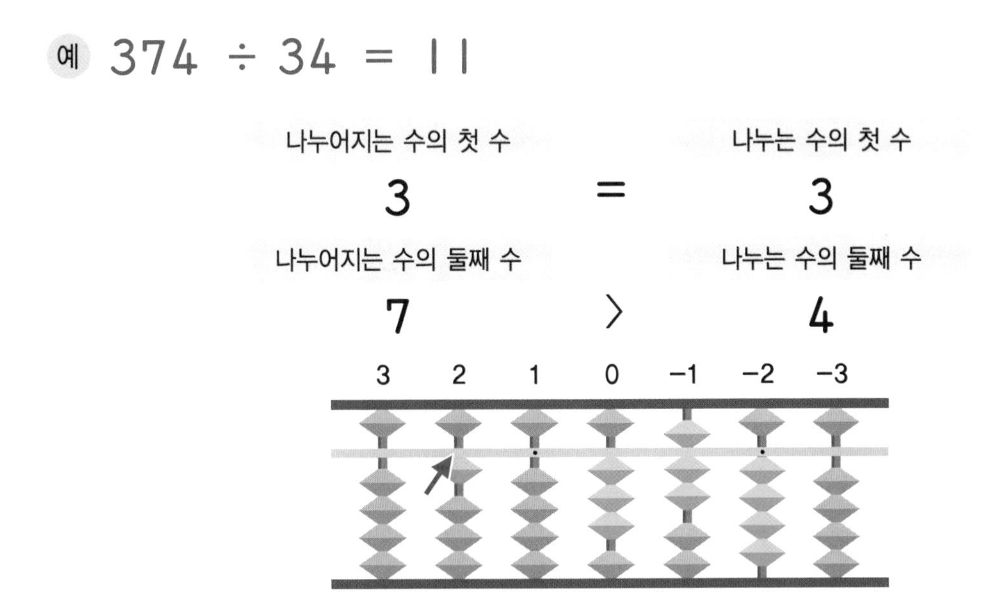

나누어지는 수의 첫 수와 나누는 수의 첫 수가 같지만 나누어지는 수의 둘째 수가 나누는 수의 둘째 수보다 크므로 나누어지는 수의 첫 수의 한 칸 건너(왼쪽)에 1을 놓습니다.

※ 나누어지는 수의 첫 번째 수와 나누는 수의 첫 번째 수가 같을 경우, 나누는 수의 첫 번째 수 왼쪽으로 한 칸 건너 몫 1을 놓습니다. 만약에 나누는 수가 두 자리 수 이상인 경우에는 두 번째, 세 번째 수 등을 계속 비교합니다. 이 때 나누는 수가 크면 나누어지는 수의 첫 번째 수 왼쪽으로 바로 앞에 9를 놓습니다. 그리고 나누는 수가 같거나 작으면 나누어지는 수의 첫 번째 수 왼쪽으로 한 칸 건너에 1을 놓습니다.

3. 몫과 나누는 수를 곱하여 나누어지는 수에서 빼는 방법(곱해서 빼기)

주판에서 몫을 놓은 자리의 오른쪽으로 첫 번째 자리는 구구의 십의 자리이고, 두 번째 자리는 구구의 일의 자리입니다.

※ 계산은 항상 나누어지는 수의 일의 자리에서 끝납니다.

예 8 ÷ 4 = 2

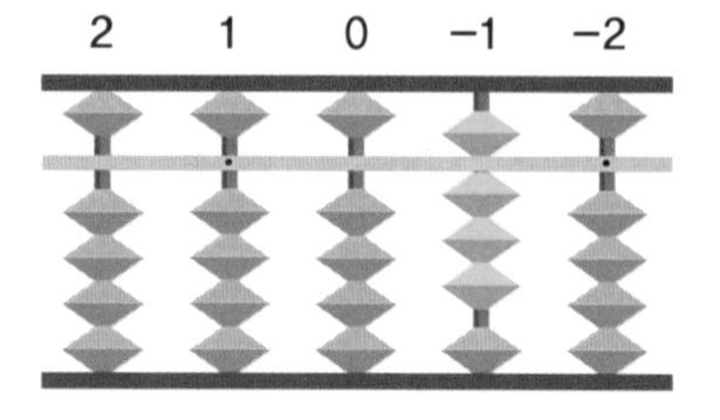

1) 자릿수를 계산하여 나누어지는 수를 주판에 놓습니다. 자릿수는 1−(1+1)=−1의 자리이므로 −1의 자리에 수 8을 놓습니다.

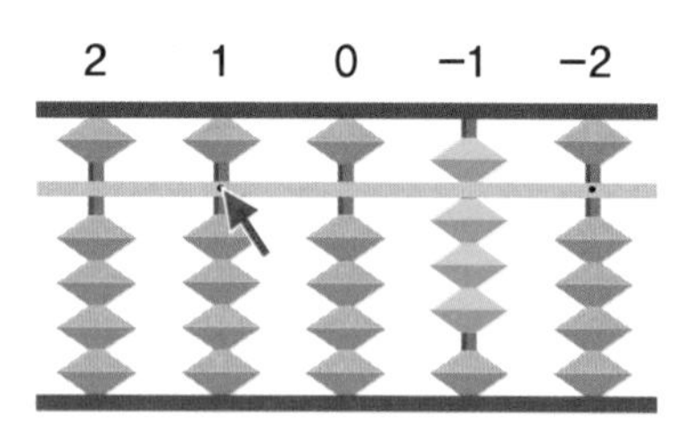

2) 나누어지는 첫 번째 수와 나누는 수의 첫 번째 수를 비교하여 몫을 놓을 자리를 정합니다. 나누어지는 수의 첫 수는 8이고, 나누는 수의 첫 수는 4입니다. 즉, 나누어지는 수의 첫 수가 크므로 나누어지는 수의 첫 수의 왼쪽으로 한 칸 건너에 손을 짚습니다.

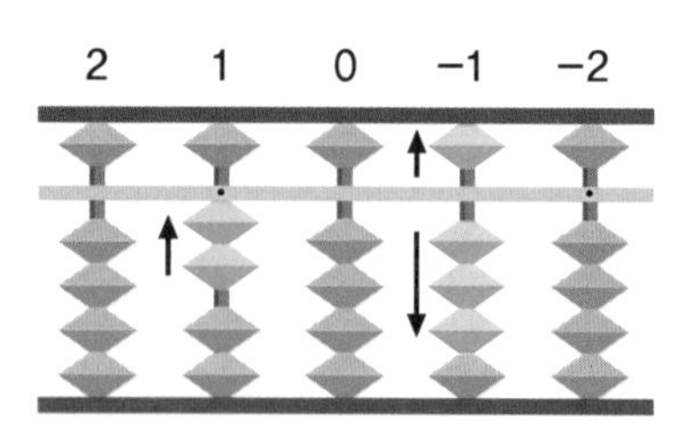

3) 8 속에 4가 2번 들어가므로 구구를 하면 4×2=08(8 속에 4가 2번 들어감)이므로 1의 자리에 몫 2를 놓습니다. 그리고 오른쪽으로 첫 번째 자리에서 0을 빼고(0의 자리) 두 번째 자리에서 8을(−1의 자리) 뺍니다. 0은 뺄 것이 없으므로 손만 짚습니다(0의 자리). 그리고 계산은 나누어지는 수의 일의 자리의 수 즉 8을 놓은 자리(−1의 자리)에서 끝납니다.

나눗셈 운주법

한 자리수 ÷ 한 자리 수

$$9 \div 3 = 3$$

1) 자릿수는 1−(1+1)=−1의 자리이므로 −1의 자리에 수 9를 놓습니다.

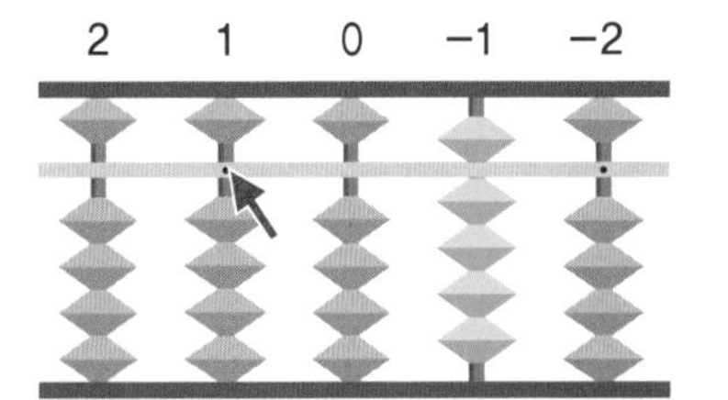

2) 나누어지는 수의 첫 수 9 > 나누는 수의 첫 수 3

나누어지는 첫 수의 왼쪽으로 한 칸 건너(1의 자리)에 손을 짚습니다.

3) 9 속에 3이 3번 들어가므로 구구를 하면 3×3=09이므로 1의 자리에 몫 3을 놓습니다. 그리고 오른쪽으로 첫 번째 자리에서 0을 빼고(손만 짚고) 두 번째 자리에서 9를 뺍니다.

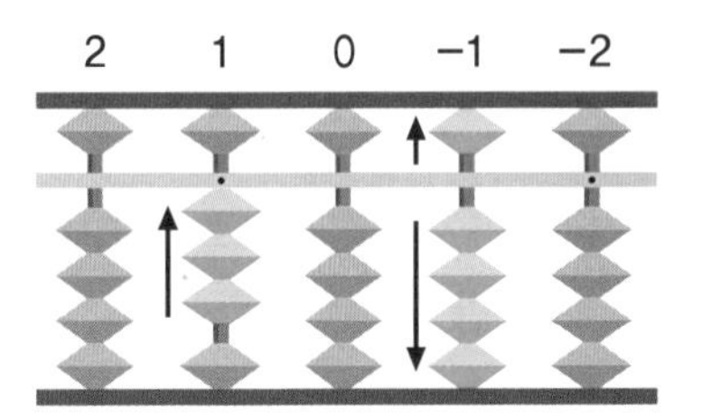

4) 몫은 3이 되고 계산은 나누어지는 수의 일의 자리 즉 9를 놓은 자리(−1의 자리)에서 끝납니다.

두 자리수 ÷ 한 자리 수

$$24 \div 4 = 6$$

1) 자릿수는 2−(1+1)=0

2) 나누어지는 수의 첫 수 2 < 나누는 수의 첫 수 4

나누어지는 첫 수의 왼쪽으로 바로 앞에 (1의 자리)에 손을 짚습니다.

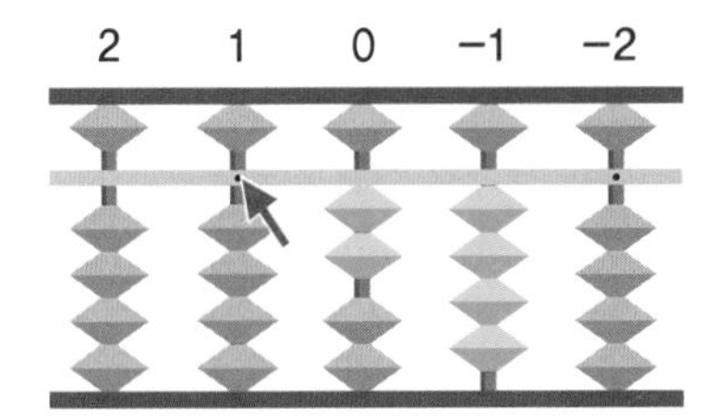

3) 2 속에 4가 안 들어갑니다. 이럴 때는 24 속에 4가 6번 들어가므로, 구구를 하면 4×6=24이므로 1의 자리에 몫 6을 놓습니다. 그리고 오른쪽으로 첫 번째 자리에서 2를 빼고 두 번째 자리에서 4를 뺍니다.

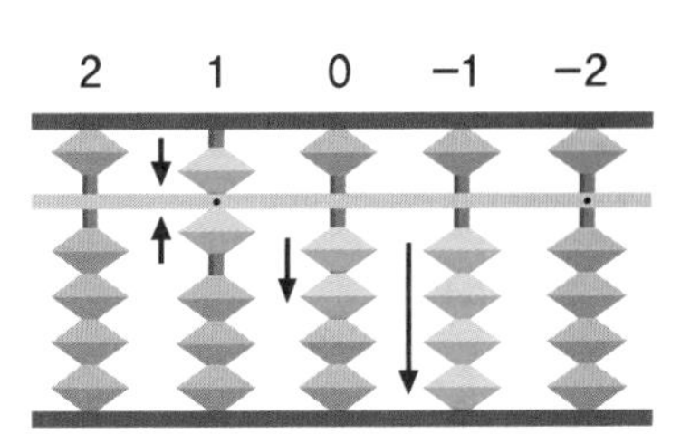

4) 몫은 6이 되고 계산은 나누어지는 수의 일의 자리 즉 4를 놓은 자리(−1의 자리)에서 끝납니다.

78 ÷ 6 = 13

1) 자릿수는 2−(1+1)=0 입니다.

2)

나누어지는 수의 첫 수		나누는 수의 첫 수
7	〉	6

나누어지는 수의 첫 수의 왼쪽으로 한 칸 건너(2의 자리)에 손을 짚습니다.

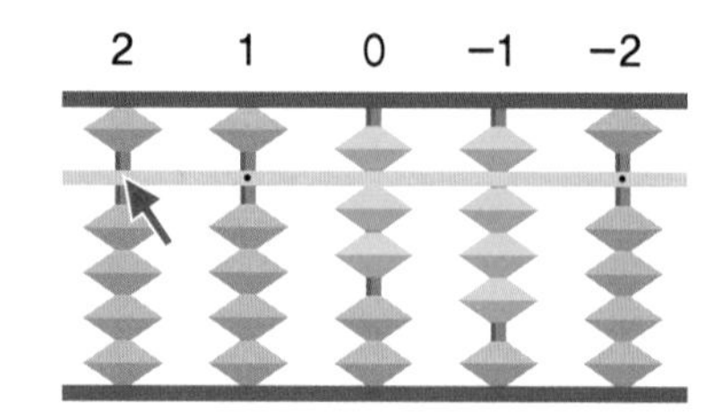

3) 7 속에 6이 1번 들어가므로 구구를 하면 6×1=06이므로 2의 자리에 1을 놓고 오른쪽으로 첫 번째 자리에서 0을 빼고(손만 짚고) 두 번째 자리에서 6을 뺍니다.

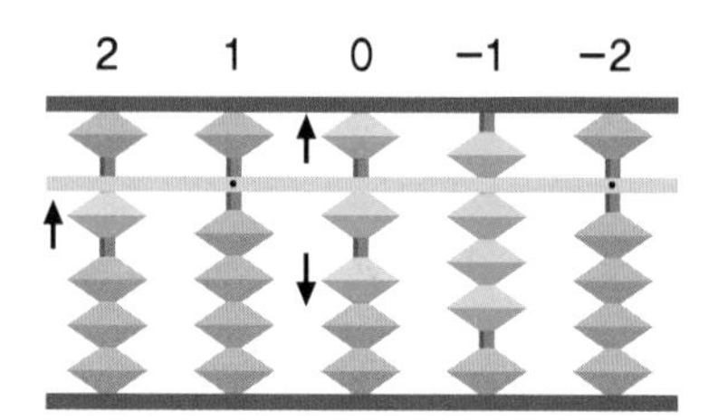

4)

나누어지는 수의 첫 수		나누는 수의 첫 수
1	〈	6

나누는 수의 첫 수의 왼쪽으로 바로 앞(1의 자리)에 손을 짚습니다.

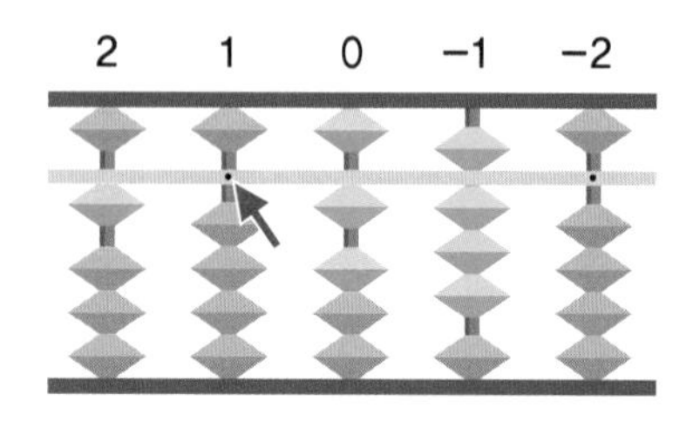

5) 1 속에 6이 안 들어갑니다. 이럴 때는 18 속에 6이 3번 들어가므로 구구를 하면 6×3=18이므로 1의 자리에 3을 놓습니다. 그리고 오른쪽으로 첫 번째 자리에서 1을 빼고 두 번째 자리에서 8을 뺍니다.

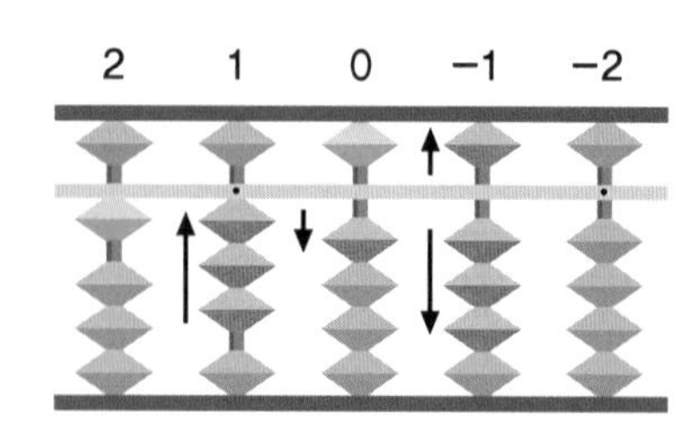

6) 몫은 13이 되고 계산은 나누어지는 수의 일의 자리 즉 8을 놓은 자리(−1의 자리)에서 끝납니다.

865 ÷ 5 = 173

1) 자릿수는 3-(1+1)=1 입니다.

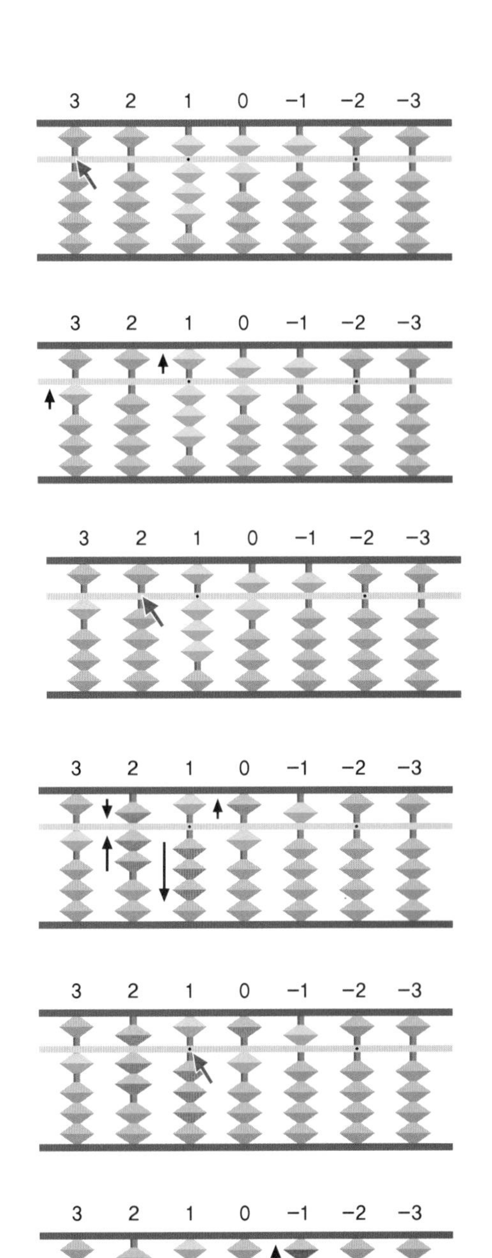

2)

나누어지는 수의 첫 수		나누는 수의 첫 수
8	>	5

나누어지는 수의 첫 수의 왼쪽으로 한 칸 건너(3의 자리)에 손을 짚습니다.

3) 8 속에 5가 1번 들어가므로 구구를 하면 5×1=05이므로 3의 자리에 1을 놓고 오른쪽으로 첫 번째 자리에서 0을 빼고(손만 짚고) 두 번째 자리에서 5를 뺍니다.

4)

나누어지는 수의 첫 수		나누는 수의 첫 수
3	<	5

나누는 수의 첫 수의 왼쪽으로 바로 앞(2의 자리)에 손을 짚습니다.

5) 3 속에 5가 안 들어갑니다. 이럴 때는 36 속에 5가 7번 들어가므로 구구를 하면 5×7=35이므로 2의 자리에 7을 놓습니다. 그리고 오른쪽으로 첫 번째 자리에서 3을 빼고 두번째 자리에서 5를 뺍니다.

6)

나누어지는 수의 첫 수		나누는 수의 첫 수
1	<	5

나누어지는 수의 첫 수의 왼쪽으로 바로 앞(1의 자리)에 손을 짚습니다.

7) 1 속에 5가 안 들어갑니다. 이럴 때는 15 속에 5가 3번 들어가므로 구구를 하면 5×3=15이므로 1의 자리에서 3을 놓습니다. 그리고 오른쪽 첫 번째 자리에서 1을 빼고 두 번째 자리에서 5를 뺍니다.

8) 몫은 173이 되고 계산은 나누어지는 수의 일의 자리 즉 5를 놓은 자리(-1의 자리)에서 끝납니다.

세 자리수 ÷ 한 자리 수

$820 \div 4 = 205$

1) 자릿수는 3-(1+1)=1 입니다.

2)

나누어지는 수의 첫 수		나누는 수의 첫 수
8	$>$	4

나누어지는 수의 첫 수의 왼쪽으로 한 칸 건너(3의 자리)에 손을 짚습니다.

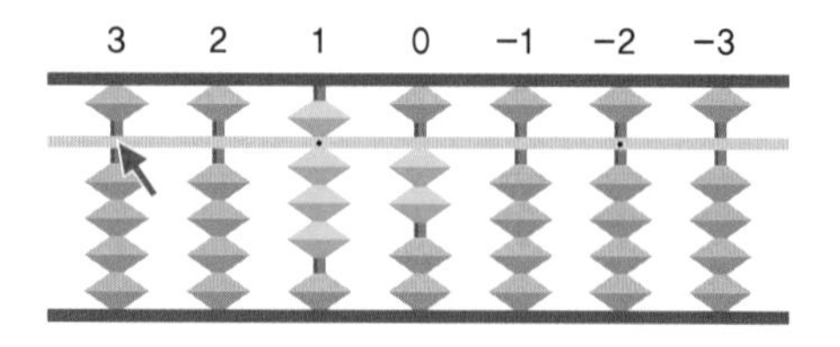

3) 8 속에 4가 2번 들어가므로 구구를 하면 4×2=08이므로 3의 자리에 2를 놓고 오른쪽으로 첫 번째 자리에서 0을 빼고(손만 짚고) 두 번째 자리에서 8을 뺍니다.

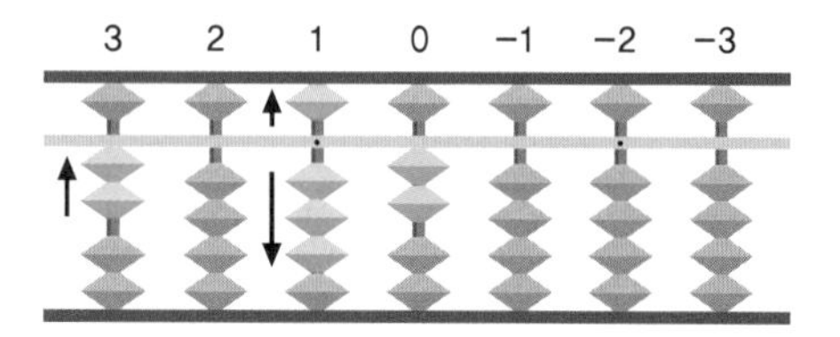

4)

나누어지는 수의 첫 수		나누는 수의 첫 수
2	$<$	4

나누는 수의 첫 수의 왼쪽으로 바로 앞(1의 자리)에 손을 짚습니다.

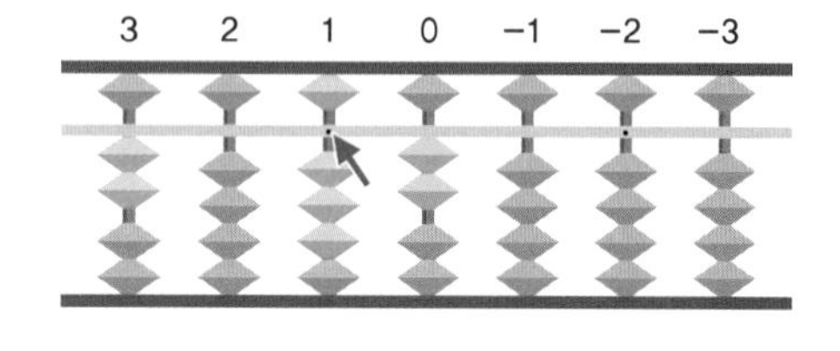

5) 2 속에 4가 안 들어갑니다. 이럴 때는 20 속에 4가 5번 들어가므로 구구를 하면 4×5=20이므로 1의 자리에 5를 놓습니다. 그리고 오른쪽으로 첫 번째 자리에서 2를 빼고 두 번째 자리에서 0을 뺍니다(손만 짚습니다).

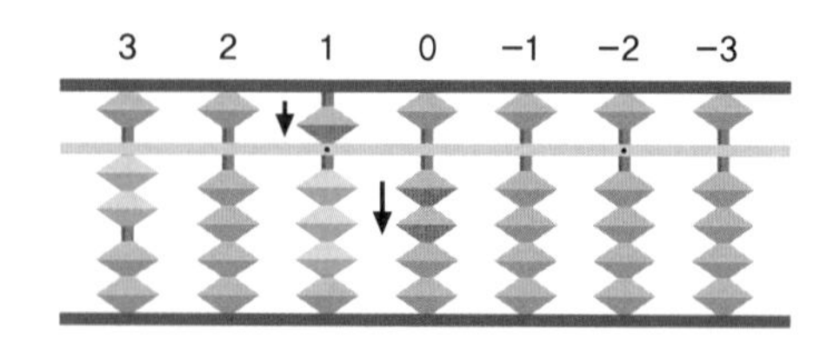

6) 몫은 205가 되고 계산은 나누어지는 수의 일의 자리 즉 0을 놓은 자리(−1의 자리)에서 끝납니다.

592 ÷ 74 = 8

1) 자릿수는 3-(2+1)=0 입니다.

2)

나누어지는 수의 첫 수		나누는 수의 첫 수
5	$<$	7

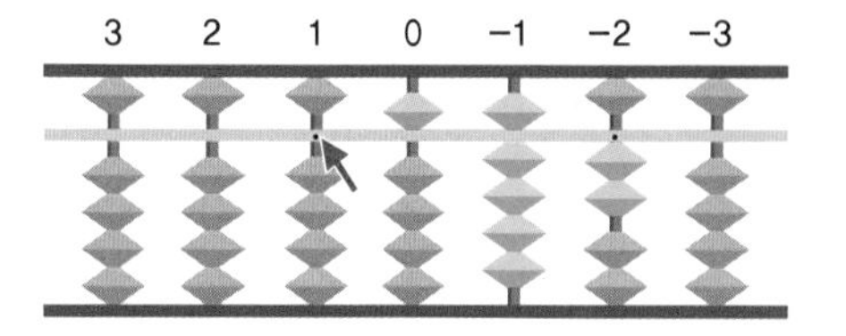

나누어지는 수의 첫 수의 왼쪽으로 바로 앞(1의 자리)에 손을 짚습니다.

3) 5 속에 7이 안 들어갑니다. 이럴 때는 59 속에 7이 8번 들어가므로 구구를 하면 7×8=56이므로 1의 자리에 8을 놓습니다. 그리고 오른쪽 첫 번째 자리에서 5를 빼고 두 번째 자리에서 6을 뺍니다. 그리고 손은 그 자리에 짚고 있습니다.

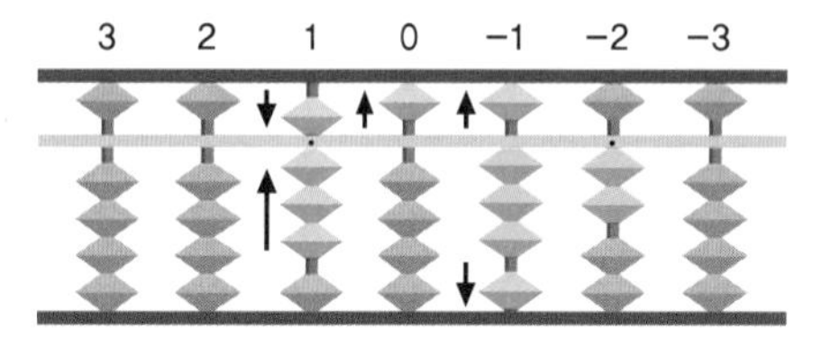

4) 이어서 4×8=32 이므로 손을 짚은 자리(−1의 자리)에서 3을 빼고 다음 자리에서 2를 뺍니다.

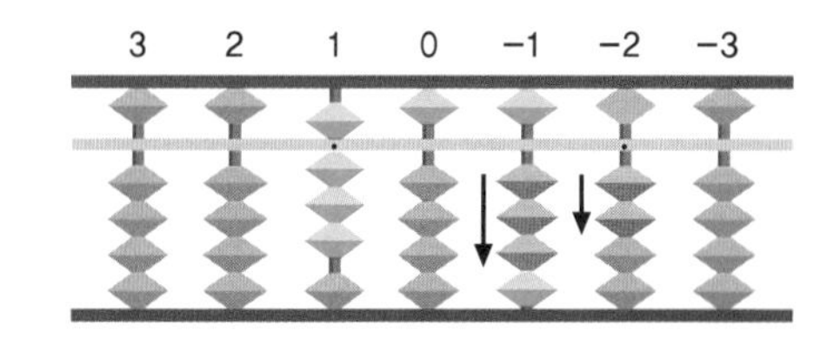

5) 몫은 8이 되고 계산은 나누어지는 수의 일의 자리 즉 2를 놓은 자리(−2의 자리)에서 끝납니다.

261 ÷ 29 = 9

1) 자릿수는 3−(2+1)=0 입니다.

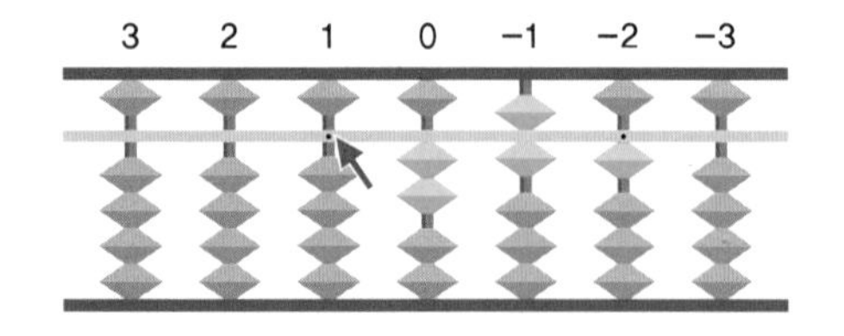

2)

나누어지는 수의 첫 수		나누는 수의 첫 수
2	=	2
나누어지는 수의 둘째 수		나누는 수의 둘째 수
6	<	9

나누어지는 수의 첫 수의 왼쪽으로 바로 앞(1의 자리)에 손을 짚습니다.

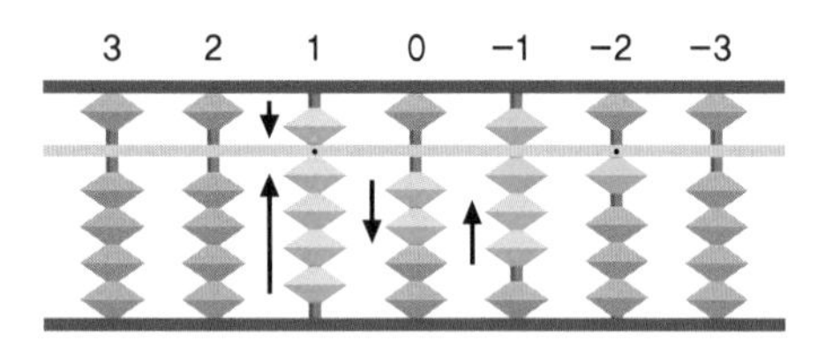

3) 나누어지는 수와 나누는 수의 첫 수가 같으므로 1의 자리에 9를 놓습니다. 그리고 구구를 하면 2×9=18이므로 9를 놓은 오른쪽 첫 번째 자리에서 1을 빼고 두 번째 자리에서 8을 뺍니다. 그리고 손은 그 자리에 짚고 있습니다.

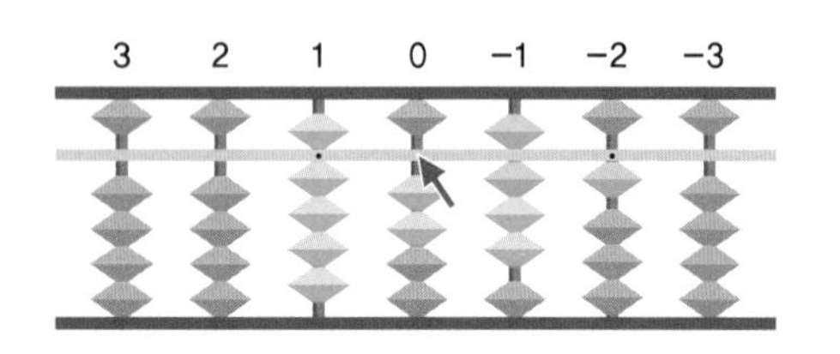

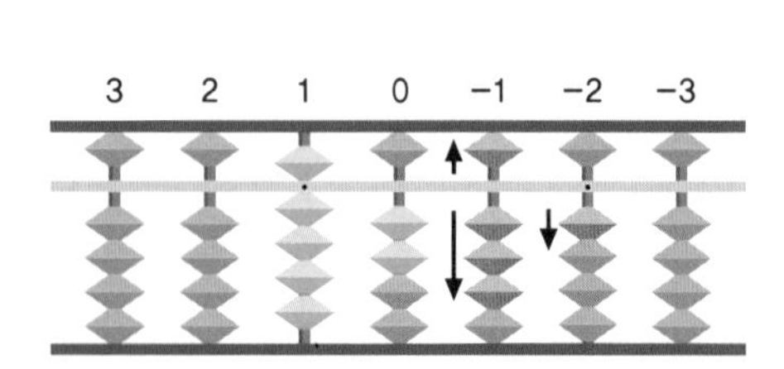

4) 이어서 9×9=81이므로 손을 짚은 자리(−1의 자리)에서 8을 빼고 다음 자리에서 1을 뺍니다.

5) 몫은 9가 되고 계산은 나누어지는 수의 일의 자리 즉 1을 놓은 자리(−2의 자리)에서 끝납니다.

7,462 ÷ 91 = 82

1) 자릿수는 4−(2+1)=1 입니다.

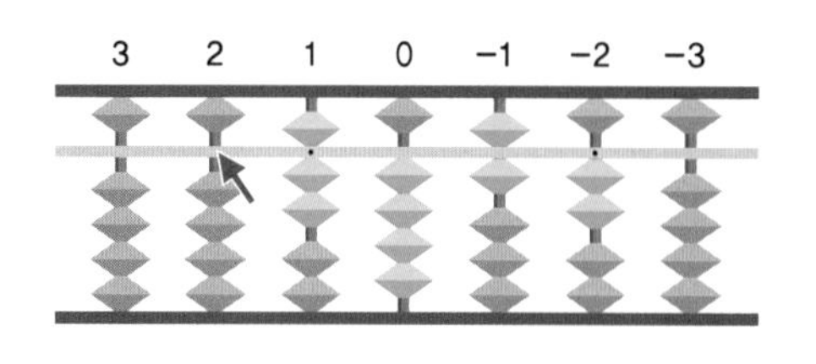

2) 나누어지는 수의 첫 수 　 나누는 수의 첫 수

7 〈 **9**

나누어지는 수의 첫 수의 왼쪽으로 바로 앞(2의 자리)에 손을 짚습니다.

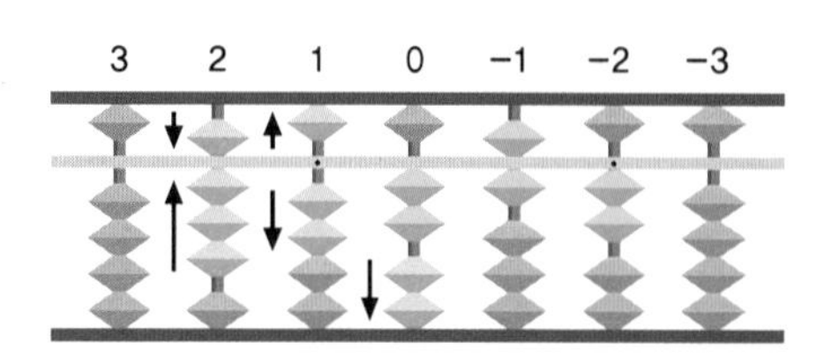

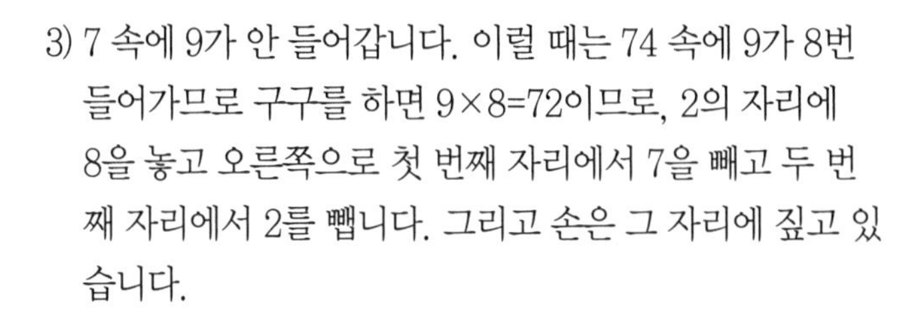

3) 7 속에 9가 안 들어갑니다. 이럴 때는 74 속에 9가 8번 들어가므로 구구를 하면 9×8=72이므로, 2의 자리에 8을 놓고 오른쪽으로 첫 번째 자리에서 7을 빼고 두 번째 자리에서 2를 뺍니다. 그리고 손은 그 자리에 짚고 있습니다.

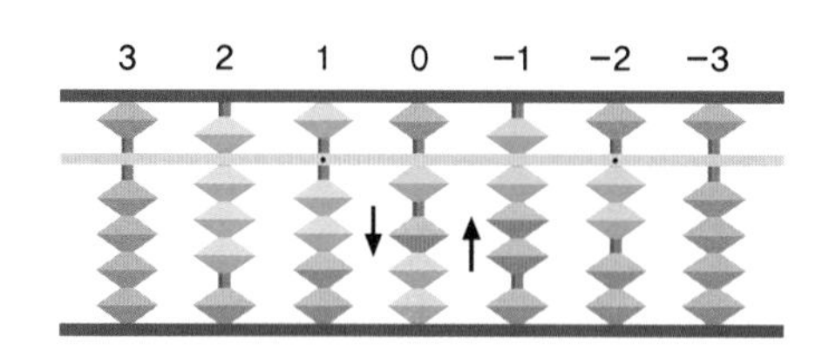

4) 이어서 1×8=08이므로 손을 짚은 자리(0의 자리)에서 0을 빼고(손만 짚고) 다음 자리에서 8을 뺍니다. 그리고 손은 그 자리에 짚고 있습니다.

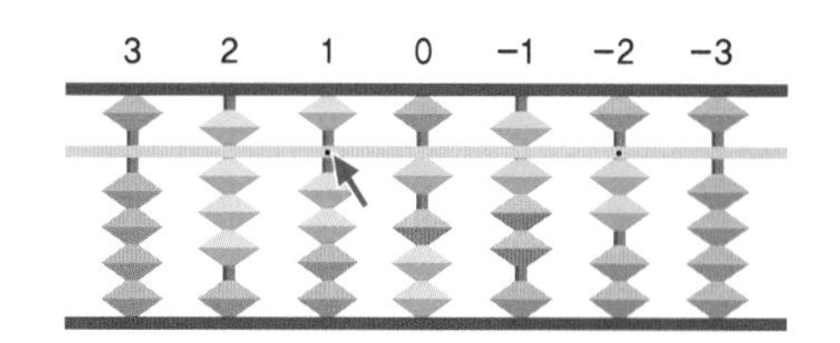

5) 나누어지는 수의 첫 수 　 나누는 수의 첫 수

1 〈 **9**

나누어지는 수의 첫 수의 왼쪽으로 바로 앞(1의 자리)에 손을 짚습니다.

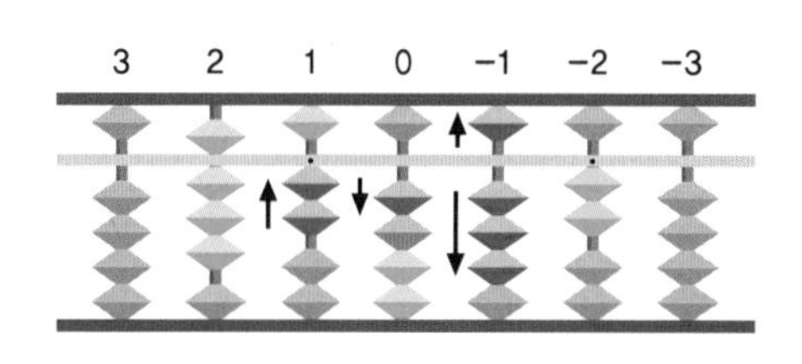

6) 1 속에 9가 안 들어갑니다. 이럴 때는 18 속에 9가 2번 들어가므로 구구를 하면 9×2=18이므로 1의 자리에 2를 놓습니다. 그리고 오른쪽으로 첫 번째 자리에서 1을 빼고 두번째 자리에서 8을 뺍니다. 그리고 손은 그 자리에 짚고 있습니다.

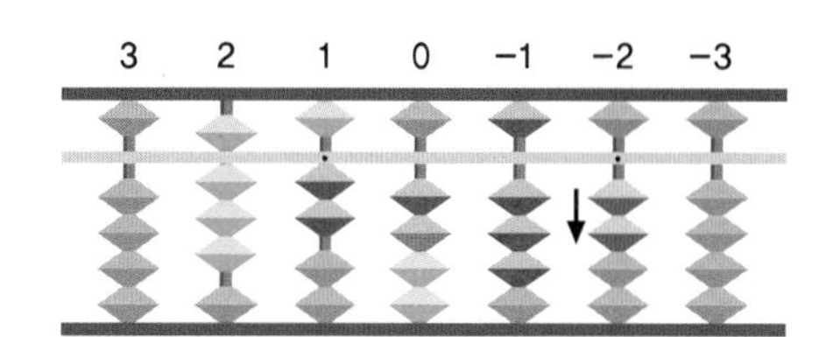

7) 이어서 1×2=02이므로 손을 짚은 자리(−1의 자리)에서 0을 빼고(손만 짚고) 다음 자리에서 2를 뺍니다.

8) 몫은 82가 되고 계산은 나누어지는 수의 일의 자리 즉 2를 놓은 자리(−2의 자리)에서 끝납니다.

과대상 정정과 과소상 정정

과대상 정정이란 몫을 설정하였으나 크게 설정되어 나누어지는 수에서 몫과 나누는 수의 곱을 뺄 수 없는 경우 몫을 수정하여 처리하는 것이고, 과소상 정정이란 몫을 작게 설정한 경우 처리하는 방법입니다.

1. 과대상 정정

$$192 \div 24 = 8$$

1) 자릿수는 3-(2+1)=0 입니다.

2)

나누어지는 수의 첫 수		나누는 수의 첫 수
1	<	2

나누어지는 수의 첫 수의 왼쪽으로 바로 앞(1의 자리)에 손을 짚습니다.

3) 1 속에 2가 안 들어갑니다. 이럴 때는 19 속에 2가 9번 들어가므로 구구를 하면 2×9=18이므로 1의 자리에 9를 놓고 오른쪽 첫 번째 자리에서 1을, 두 번째 자리에서 8을 뺍니다.

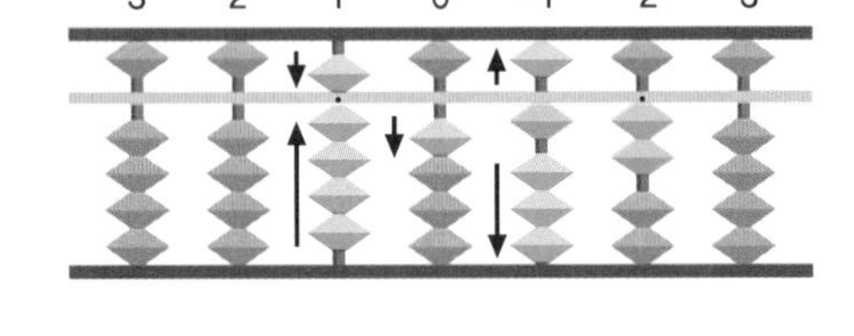

4) 이어서 4×9=36인데 뺄 수가 없습니다. 이럴 때는 몫에서 1을 빼고 나누는 수의 첫 수 2를 마지막으로 뺏던 자리(−1의 자리)에 더합니다. 손은 그 자리에 짚고 있습니다.

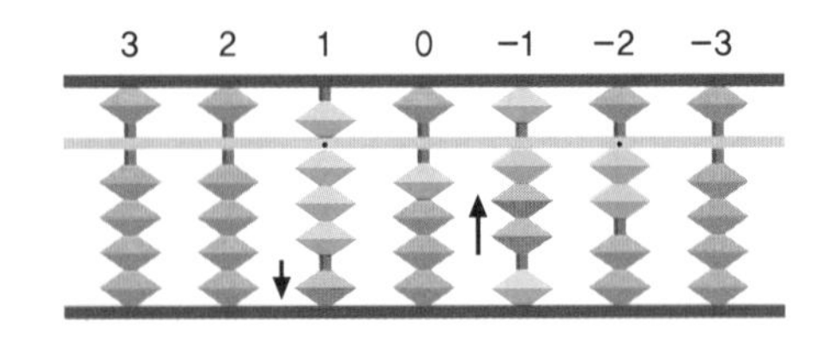

5) 그리고 4×8=32이므로 손을 짚은 자리(−1의 자리)에서 3을 빼고 다음 자리에서 2를 뺍니다.

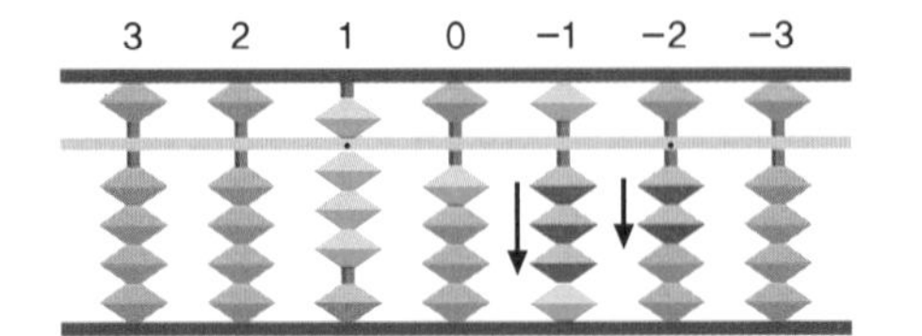

6) 몫은 8이 되고 계산은 나누어지는 수의 일의 자리 즉 2를 놓은 자리(−2의 자리)에서 끝납니다.

2. 과소상 정정

208 ÷ 26 = 8

1) 자릿수는 3−(2+1)=0 입니다.

2) 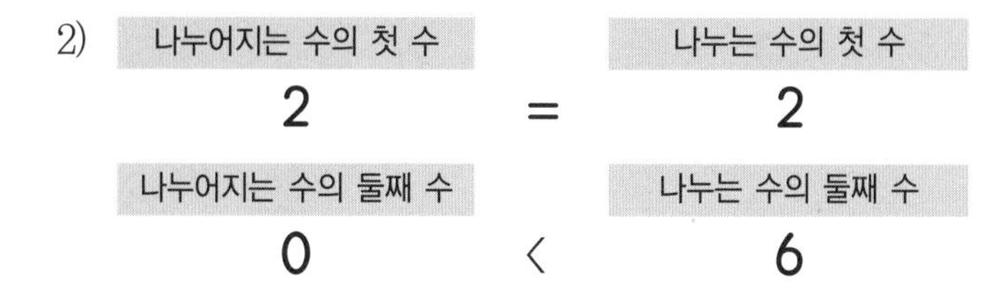

3 2 1 0 −1 −2 −3

나누어지는 수의 첫 수의 왼쪽으로 바로 앞(1의 자리)에 손을 짚습니다.

3) 나누어지는 수와 나누는 수의 첫 수가 같으므로 9를 놓아야 합니다. 그러나 7을 놓은 경우(임의 설정) 2×7=14이므로 1의 자리에 7을 놓고 오른쪽 첫 번째 자리에서 1을, 두 번째 자리에서 4를 뺍니다. 손을 그 자리에 짚고 있습니다.

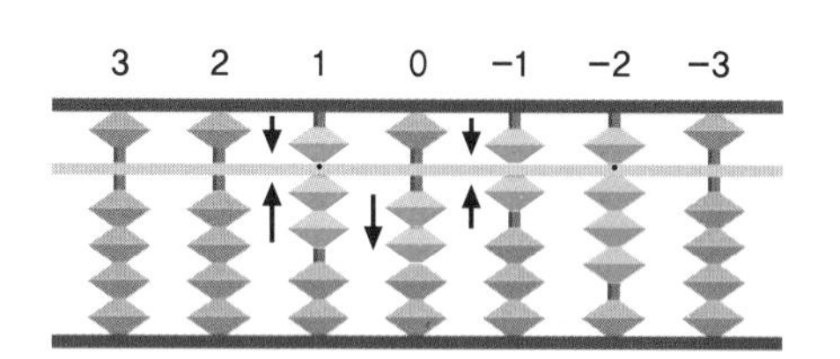

4) 이어서 6×7=42이므로 손을 짚은 자리(−1의 자리)에서 4를 빼고 다음 자리에서 2를 뺍니다.

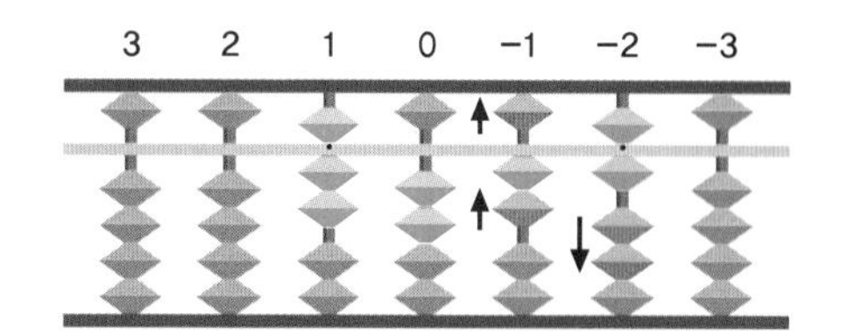

5) 나누어지는 수가 아직 남아 있으므로 나누는 수와 비교합니다. 첫 수와 둘째 수가 모두 똑같습니다. 이럴 때는 나누어지는 수의 첫 수의 왼쪽으로 한 칸 건너에 1을 더하고(이미 세워진 몫에 1을 더함) 1과 나누는 수의 곱의 곱 1×26=26을 뺍니다.

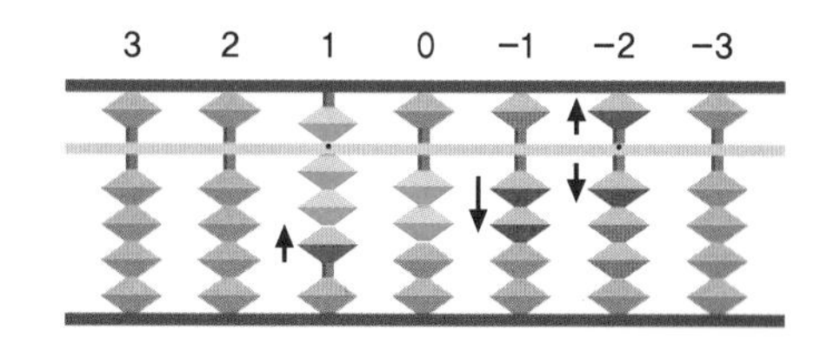

6) 몫은 8이 되고 계산은 나누어지는 수의 일의 자리 즉 8을 놓은 자리(−2의 자리)에서 끝납니다.

1일차

차근차근 주판으로 해 보세요.

1	2	3	4	5
4 8 6 5 2	6 5 − 2 7 − 3	2 7 1 3 9	5 9 − 7 6 − 4	6 3 8 7 2

6	7	8	9	10
4 2 3 1 5	8 − 3 9 − 6 5	9 6 4 5 7	3 7 − 1 − 8 6	7 5 4 6 3

11	12	13	14	15
6 9 2 8 4	4 − 2 1 8 − 3	8 3 6 7 9	5 9 − 8 6 − 5	9 5 1 8 2

1회 2회

덧셈 빼셈

1일차

차근차근 주판으로 해 보세요.

1	2	3	4	5
4	2	9	9	7
2	3	1	−5	3
8	6	9	7	8
3	−1	5	8	9
6	−8	6	−4	5

6	7	8	9	10
6	7	4	5	9
8	−4	9	3	2
7	9	2	−2	7
4	3	3	9	4
9	−1	5	−7	6

11	12	13	14	15
2	4	3	7	8
6	−3	5	9	6
4	5	8	−8	1
3	8	9	5	4
5	−9	7	−4	2

평가

1회 2회

차근차근 주판으로 해 보세요.

1	98 × 4 =	21	138 ÷ 3 =
2	71 × 6 =	22	90 ÷ 5 =
3	63 × 8 =	23	392 ÷ 7 =
4	21 × 2 =	24	216 ÷ 9 =
5	50 × 7 =	25	190 ÷ 2 =
6	98 × 5 =	26	124 ÷ 4 =
7	42 × 9 =	27	474 ÷ 6 =
8	72 × 3 =	28	336 ÷ 8 =
9	13 × 2 =	29	210 ÷ 7 =
10	49 × 4 =	30	207 ÷ 9 =
11	93 × 6 =	31	546 ÷ 6 =
12	87 × 8 =	32	544 ÷ 8 =
13	41 × 3 =	33	480 ÷ 5 =
14	28 × 5 =	34	171 ÷ 3 =
15	45 × 7 =	35	144 ÷ 2 =
16	13 × 9 =	36	116 ÷ 4 =
17	86 × 4 =	37	408 ÷ 6 =
18	34 × 7 =	38	351 ÷ 9 =
19	27 × 3 =	39	365 ÷ 5 =
20	78 × 6 =	40	400 ÷ 8 =

1회	2회	

곱셈 나눗셈

1일차

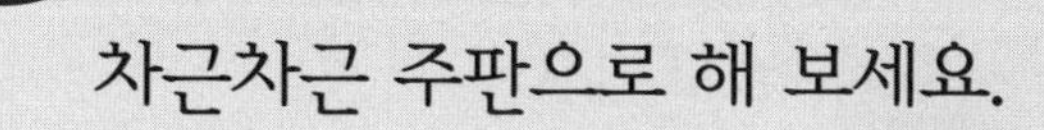

1	43 × 3 =	21	24 ÷ 2 =
2	81 × 5 =	22	304 ÷ 4 =
3	20 × 7 =	23	570 ÷ 6 =
4	57 × 9 =	24	256 ÷ 8 =
5	64 × 2 =	25	270 ÷ 3 =
6	78 × 6 =	26	216 ÷ 4 =
7	61 × 4 =	27	365 ÷ 5 =
8	32 × 8 =	28	126 ÷ 7 =
9	14 × 3 =	29	504 ÷ 9 =
10	53 × 5 =	30	26 ÷ 2 =
11	80 × 7 =	31	776 ÷ 8 =
12	96 × 9 =	32	84 ÷ 6 =
13	54 × 2 =	33	356 ÷ 4 =
14	27 × 4 =	34	387 ÷ 9 =
15	98 × 6 =	35	434 ÷ 7 =
16	60 × 8 =	36	390 ÷ 5 =
17	87 × 7 =	37	96 ÷ 3 =
18	26 × 5 =	38	306 ÷ 6 =
19	49 × 6 =	39	184 ÷ 2 =
20	17 × 4 =	40	783 ÷ 9 =

1회 | 2회

머릿속에 주판을 그리며 풀어 보세요.

1	2
$42 + 15 = \square\square$	$73 + 16 = \square\square$

3	4
$48 - 15 = \square\square$	$63 - 51 = \square\square$

5	6
$47 \times 4 = \square\square\square$	$65 \times 2 = \square\square\square$

7	8
$2\overline{)2}$	$3\overline{)3}$

9	76 × 7 =
10	48 × 9 =
11	62 × 8 =
12	45 × 6 =
13	81 × 4 =
14	97 × 3 =
15	13 × 5 =
16	56 × 2 =
17	94 × 6 =
18	83 × 5 =
19	2 ÷ 2 =
20	3 ÷ 3 =
21	4 ÷ 4 =
22	5 ÷ 5 =
23	6 ÷ 6 =
24	7 ÷ 7 =
25	8 ÷ 8 =
26	9 ÷ 9 =
27	4 ÷ 2 =
28	6 ÷ 3 =

1회 2회

필산 암산

1일차

머릿속에 주판을 그리며 풀어 보세요.

1	2
$\begin{array}{r} 17 \\ +\ 32 \\ \hline \square\square \end{array}$	$\begin{array}{r} 42 \\ +\ 56 \\ \hline \square\square \end{array}$

3	4
$\begin{array}{r} 42 \\ -\ 11 \\ \hline \square\square \end{array}$	$\begin{array}{r} 34 \\ -\ 22 \\ \hline \square\square \end{array}$

5	6
$\begin{array}{r} 43 \\ \times\ \ 3 \\ \hline \square\square\square \end{array}$	$\begin{array}{r} \square\ \ \\ 36 \\ \times\ \ 2 \\ \hline \square\square \end{array}$

7	8
$\begin{array}{r} \square \\ 3\overline{)9} \\ \square \\ \hline \square \end{array}$	$\begin{array}{r} \square \\ 4\overline{)8} \\ \square \\ \hline \square \end{array}$

9	17 × 7 =
10	38 × 5 =
11	54 × 3 =
12	26 × 9 =
13	84 × 6 =
14	67 × 8 =
15	52 × 4 =
16	93 × 2 =
17	39 × 5 =
18	12 × 3 =
19	8 ÷ 4 =
20	10 ÷ 5 =
21	12 ÷ 6 =
22	14 ÷ 7 =
23	16 ÷ 8 =
24	18 ÷ 9 =
25	6 ÷ 2 =
26	9 ÷ 3 =
27	12 ÷ 4 =
28	15 ÷ 5 =

1회 2회

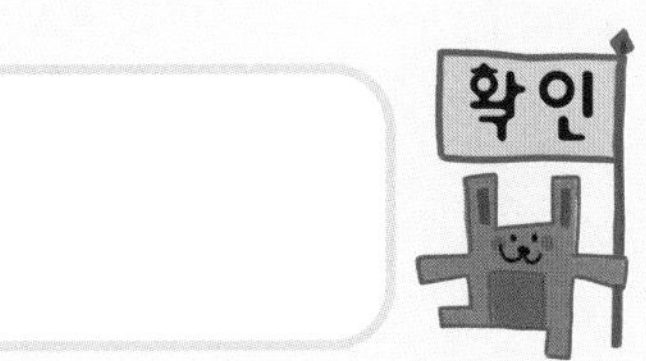

덧셈 뺄셈

2일차 차근차근 주판으로 해 보세요.

1	2	3	4	5
5	3	7	9	8
6	4	2	8	9
3	8	9	− 6	7
1	− 1	8	7	4
7	− 9	6	− 4	5

6	7	8	9	10
6	4	3	7	3
2	5	9	9	8
4	8	7	− 3	5
5	− 3	1	8	6
8	− 9	8	− 5	9

11	12	13	14	15
8	6	5	3	2
4	7	8	9	7
6	5	2	− 1	5
7	− 4	9	− 2	8
5	− 8	3	7	9

1회 2회

덧셈 빼셈

2일차

차근차근 주판으로 해 보세요.

1	2	3	4	5
6	8	7	5	4
8	9	4	− 1	3
9	− 2	3	3	9
2	7	1	− 4	7
7	− 4	5	2	6

6	7	8	9	10
7	5	6	2	8
3	6	8	8	4
5	− 1	9	− 1	9
6	9	3	− 4	6
9	− 8	7	9	7

11	12	13	14	15
2	4	9	7	5
8	9	6	− 3	6
1	− 6	5	5	8
4	5	3	6	1
9	− 3	7	− 2	9

평가 1회 2회

차근차근 주판으로 해 보세요.

1	23 × 5 =	21	168 ÷ 4 =
2	87 × 3 =	22	102 ÷ 6 =
3	64 × 7 =	23	448 ÷ 8 =
4	36 × 9 =	24	146 ÷ 2 =
5	49 × 6 =	25	485 ÷ 5 =
6	81 × 4 =	26	39 ÷ 3 =
7	75 × 8 =	27	203 ÷ 7 =
8	91 × 2 =	28	477 ÷ 9 =
9	65 × 3 =	29	160 ÷ 2 =
10	84 × 5 =	30	384 ÷ 4 =
11	27 × 7 =	31	138 ÷ 6 =
12	43 × 9 =	32	512 ÷ 8 =
13	50 × 2 =	33	81 ÷ 3 =
14	92 × 4 =	34	490 ÷ 5 =
15	86 × 6 =	35	357 ÷ 7 =
16	57 × 8 =	36	765 ÷ 9 =
17	62 × 7 =	37	343 ÷ 7 =
18	14 × 5 =	38	150 ÷ 5 =
19	80 × 3 =	39	219 ÷ 3 =
20	78 × 8 =	40	152 ÷ 8 =

1회	2회	

차근차근 주판으로 해 보세요.

1	46 × 7 =	21	408 ÷ 6 =
2	52 × 5 =	22	384 ÷ 4 =
3	89 × 9 =	23	164 ÷ 2 =
4	72 × 3 =	24	584 ÷ 8 =
5	43 × 6 =	25	174 ÷ 3 =
6	60 × 4 =	26	485 ÷ 5 =
7	98 × 8 =	27	112 ÷ 7 =
8	35 × 2 =	28	216 ÷ 9 =
9	41 × 3 =	29	600 ÷ 8 =
10	72 × 6 =	30	114 ÷ 6 =
11	16 × 2 =	31	120 ÷ 4 =
12	87 × 9 =	32	168 ÷ 2 =
13	40 × 5 =	33	567 ÷ 9 =
14	67 × 8 =	34	602 ÷ 7 =
15	35 × 2 =	35	295 ÷ 5 =
16	21 × 4 =	36	120 ÷ 3 =
17	84 × 6 =	37	112 ÷ 4 =
18	92 × 8 =	38	108 ÷ 9 =
19	37 × 3 =	39	295 ÷ 5 =
20	15 × 9 =	40	456 ÷ 8 =

1회 2회

머릿속에 주판을 그리며 풀어 보세요.

1.
$$\begin{array}{r} 23 \\ +\ 56 \\ \hline \square\square \end{array}$$

2.
$$\begin{array}{r} 72 \\ +\ 27 \\ \hline \square\square \end{array}$$

3.
$$\begin{array}{r} 63 \\ -\ 12 \\ \hline \square\square \end{array}$$

4.
$$\begin{array}{r} 87 \\ -\ 32 \\ \hline \square\square \end{array}$$

5.
$$\begin{array}{r} \square\ \ \\ 14 \\ \times\ \ 8 \\ \hline \square\square\square \end{array}$$

6.
$$\begin{array}{r} 40 \\ \times\ \ 5 \\ \hline \square\square\square \end{array}$$

7.
$$\begin{array}{r} \square \\ 2\overline{)8} \\ \square \\ \hline \square \end{array}$$

8.
$$\begin{array}{r} \square \\ 3\overline{)6} \\ \square \\ \hline \square \end{array}$$

9	15 × 7 =
10	37 × 5 =
11	23 × 3 =
12	61 × 9 =
13	87 × 6 =
14	59 × 4 =
15	28 × 2 =
16	42 × 8 =
17	96 × 7 =
18	53 × 4 =
19	18 ÷ 6 =
20	21 ÷ 7 =
21	24 ÷ 8 =
22	27 ÷ 9 =
23	8 ÷ 2 =
24	12 ÷ 3 =
25	16 ÷ 4 =
26	20 ÷ 5 =
27	24 ÷ 6 =
28	28 ÷ 7 =

1회 2회

필산
암산

2일차

머릿속에 주판을 그리며 풀어 보세요.

1	2
$\begin{array}{r} 74 \\ +\ 25 \\ \hline \square\square \end{array}$	$\begin{array}{r} 66 \\ +\ 32 \\ \hline \square\square \end{array}$

3	4
$\begin{array}{r} 55 \\ -\ 13 \\ \hline \square\square \end{array}$	$\begin{array}{r} 75 \\ -\ 24 \\ \hline \square\square \end{array}$

5	6
$\begin{array}{r} \square\ \ \\ 23 \\ \times\ \ 7 \\ \hline \square\square\square \end{array}$	$\begin{array}{r} \square\ \ \\ 24 \\ \times\ \ 5 \\ \hline \square\square\square \end{array}$

7	8
$2\overline{)10}$	$6\overline{)30}$

9	63 × 7 =
10	81 × 9 =
11	54 × 5 =
12	68 × 3 =
13	92 × 6 =
14	74 × 8 =
15	31 × 4 =
16	54 × 2 =
17	87 × 7 =
18	61 × 8 =
19	32 ÷ 8 =
20	36 ÷ 9 =
21	10 ÷ 2 =
22	15 ÷ 3 =
23	20 ÷ 4 =
24	25 ÷ 5 =
25	30 ÷ 6 =
26	35 ÷ 7 =
27	40 ÷ 8 =
28	45 ÷ 9 =

1회 2회

차근차근 주판으로 해 보세요.

1	2	3	4	5
9	7	6	4	3
5	8	3	2	8
1	−1	2	−3	6
6	6	4	6	9
8	−3	9	−8	2

6	7	8	9	10
3	2	9	8	6
6	5	1	−4	7
1	−7	5	6	5
8	6	8	−7	9
3	−4	2	5	4

11	12	13	14	15
7	9	3	6	4
6	−3	8	8	6
5	1	5	−9	8
2	8	4	5	5
3	−7	2	−1	9

1회 2회

덧셈
뺄셈

3일차 차근차근 주판으로 해 보세요.

1	2	3	4	5
3	5	6	8	9
7	− 4	9	− 2	8
5	6	2	9	7
4	9	8	− 6	5
6	− 2	7	4	1

6	7	8	9	10
2	4	5	9	8
6	− 3	9	− 1	9
4	5	1	7	3
3	8	8	− 8	4
5	− 9	7	3	2

11	12	13	14	15
4	2	8	5	7
5	8	3	9	8
2	− 3	6	− 8	6
8	6	7	6	4
3	− 7	9	− 7	9

평가 1회 2회

차근차근 주판으로 해 보세요.

1	92 × 9 =	21	368 ÷ 8 =
2	37 × 7 =	22	318 ÷ 6 =
3	15 × 5 =	23	300 ÷ 4 =
4	68 × 3 =	24	58 ÷ 2 =
5	82 × 8 =	25	270 ÷ 9 =
6	69 × 6 =	26	651 ÷ 7 =
7	73 × 4 =	27	345 ÷ 5 =
8	58 × 2 =	28	171 ÷ 3 =
9	97 × 3 =	29	96 ÷ 2 =
10	16 × 5 =	30	144 ÷ 4 =
11	24 × 7 =	31	510 ÷ 6 =
12	75 × 9 =	32	752 ÷ 8 =
13	19 × 2 =	33	168 ÷ 3 =
14	38 × 4 =	34	215 ÷ 5 =
15	46 × 6 =	35	504 ÷ 7 =
16	63 × 8 =	36	783 ÷ 9 =
17	59 × 3 =	37	480 ÷ 8 =
18	40 × 7 =	38	270 ÷ 5 =
19	25 × 6 =	39	511 ÷ 7 =
20	81 × 4 =	40	104 ÷ 2 =

1회 2회

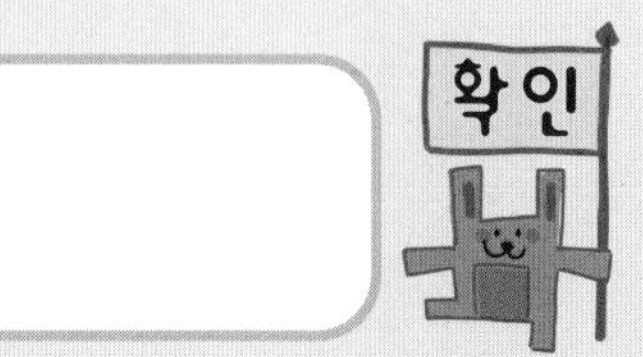

3일차

차근차근 주판으로 해 보세요.

1	37 × 5 =	21	64 ÷ 4 =
2	91 × 3 =	22	96 ÷ 2 =
3	12 × 7 =	23	414 ÷ 6 =
4	50 × 9 =	24	216 ÷ 8 =
5	35 × 6 =	25	196 ÷ 7 =
6	69 × 4 =	26	126 ÷ 9 =
7	41 × 8 =	27	490 ÷ 5 =
8	34 × 2 =	28	210 ÷ 3 =
9	72 × 3 =	29	114 ÷ 2 =
10	45 × 5 =	30	96 ÷ 4 =
11	23 × 7 =	31	414 ÷ 6 =
12	61 × 9 =	32	640 ÷ 8 =
13	17 × 2 =	33	294 ÷ 3 =
14	90 × 4 =	34	115 ÷ 5 =
15	38 × 6 =	35	469 ÷ 7 =
16	96 × 8 =	36	819 ÷ 9 =
17	24 × 9 =	37	64 ÷ 2 =
18	58 × 6 =	38	225 ÷ 5 =
19	35 × 8 =	39	444 ÷ 6 =
20	78 × 3 =	40	544 ÷ 8 =

1회	2회

머릿속에 주판을 그리며 풀어 보세요.

1	2
$45 + 14 = \square\square$	$26 + 53 = \square\square$

3	4
$62 - 12 = \square\square$	$93 - 43 = \square\square$

5	6
$65 \times 4 = \square\square\square$	$97 \times 8 = \square\square\square$

7	8
$6\overline{)36}$	$9\overline{)54}$

9	54 × 4 =
10	16 × 6 =
11	90 × 8 =
12	28 × 2 =
13	15 × 5 =
14	32 × 7 =
15	94 × 9 =
16	78 × 3 =
17	42 × 4 =
18	63 × 8 =
19	12 ÷ 2 =
20	18 ÷ 3 =
21	24 ÷ 4 =
22	30 ÷ 5 =
23	36 ÷ 6 =
24	42 ÷ 7 =
25	48 ÷ 8 =
26	54 ÷ 9 =
27	14 ÷ 2 =
28	21 ÷ 3 =

1회 2회

머릿속에 주판을 그리며 풀어 보세요.

1

$$\begin{array}{r} 74 \\ +\ 19 \\ \hline \square\square \end{array}$$

2

$$\begin{array}{r} 36 \\ +\ 25 \\ \hline \square\square \end{array}$$

3

$$\begin{array}{r} 62 \\ -\ 15 \\ \hline \square\square \end{array}$$

4

$$\begin{array}{r} 73 \\ -\ 24 \\ \hline \square\square \end{array}$$

5

$$\begin{array}{r} 13 \\ \times\ \ 5 \\ \hline \square\square \end{array}$$

6

$$\begin{array}{r} 27 \\ \times\ \ 2 \\ \hline \square\square \end{array}$$

7

$4\overline{)28}$

8

$7\overline{)49}$

9	71 × 5 =
10	98 × 3 =
11	50 × 7 =
12	34 × 9 =
13	62 × 4 =
14	48 × 6 =
15	65 × 8 =
16	59 × 2 =
17	26 × 5 =
18	88 × 9 =
19	28 ÷ 4 =
20	35 ÷ 5 =
21	42 ÷ 6 =
22	49 ÷ 7 =
23	56 ÷ 8 =
24	63 ÷ 9 =
25	16 ÷ 2 =
26	24 ÷ 3 =
27	32 ÷ 4 =
28	40 ÷ 5 =

1회 2회

차근차근 주판으로 해 보세요.

1	2	3	4	5
4	6	9	3	5
1	9	6	7	6
2	− 1	4	− 5	4
9	− 4	5	4	8
6	5	7	− 6	7

6	7	8	9	10
5	2	9	6	7
3	9	4	8	9
2	− 4	7	− 4	4
9	7	8	− 7	8
4	− 8	6	5	3

11	12	13	14	15
6	8	4	5	9
8	7	9	− 3	7
7	− 4	2	2	4
4	9	3	9	6
9	− 2	5	− 7	3

1회 2회

4일차 차근차근 주판으로 해 보세요.

1	2	3	4	5
9	5	7	4	6
4	−1	2	8	5
2	7	5	−6	7
9	−3	6	5	9
1	4	8	−2	8

6	7	8	9	10
5	7	8	4	2
9	6	3	−2	4
7	−3	7	3	3
6	8	2	−1	8
3	−9	4	8	9

11	12	13	14	15
9	9	5	8	4
1	−8	3	2	3
4	5	4	−1	5
5	−3	6	−7	7
2	4	2	3	9

평가 1회 2회

차근차근 주판으로 해 보세요.

1	59 × 3 =	21	164 ÷ 2 =
2	21 × 6 =	22	162 ÷ 6 =
3	36 × 8 =	23	76 ÷ 4 =
4	15 × 2 =	24	688 ÷ 8 =
5	60 × 9 =	25	300 ÷ 5 =
6	58 × 7 =	26	413 ÷ 7 =
7	79 × 2 =	27	261 ÷ 3 =
8	32 × 4 =	28	612 ÷ 9 =
9	54 × 6 =	29	70 ÷ 2 =
10	69 × 8 =	30	336 ÷ 4 =
11	83 × 3 =	31	252 ÷ 6 =
12	65 × 5 =	32	544 ÷ 8 =
13	72 × 7 =	33	108 ÷ 3 =
14	17 × 9 =	34	485 ÷ 5 =
15	43 × 6 =	35	91 ÷ 7 =
16	95 × 3 =	36	180 ÷ 9 =
17	50 × 7 =	37	245 ÷ 5 =
18	76 × 5 =	38	81 ÷ 3 =
19	48 × 8 =	39	258 ÷ 6 =
20	14 × 9 =	40	30 ÷ 2 =

1회	2회

차근차근 주판으로 해 보세요.

1	32 × 9 =	21	224 ÷ 8 =
2	87 × 7 =	22	234 ÷ 6 =
3	46 × 5 =	23	292 ÷ 4 =
4	67 × 3 =	24	170 ÷ 2 =
5	35 × 8 =	25	144 ÷ 9 =
6	91 × 6 =	26	189 ÷ 7 =
7	43 × 4 =	27	75 ÷ 5 =
8	26 × 2 =	28	258 ÷ 3 =
9	65 × 3 =	29	54 ÷ 2 =
10	24 × 5 =	30	160 ÷ 4 =
11	85 × 7 =	31	324 ÷ 6 =
12	96 × 9 =	32	248 ÷ 8 =
13	82 × 2 =	33	207 ÷ 3 =
14	65 × 4 =	34	365 ÷ 5 =
15	34 × 6 =	35	574 ÷ 7 =
16	17 × 8 =	36	720 ÷ 9 =
17	25 × 9 =	37	294 ÷ 6 =
18	76 × 6 =	38	258 ÷ 3 =
19	39 × 8 =	39	203 ÷ 7 =
20	45 × 3 =	40	288 ÷ 4 =

1회	2회

머릿속에 주판을 그리며 풀어 보세요.

1.
$$\begin{array}{r} 47 \\ +\ 18 \\ \hline \square\square \end{array}$$

2.
$$\begin{array}{r} 62 \\ +\ 49 \\ \hline \square\square\square \end{array}$$

3.
$$\begin{array}{r} 46 \\ -\ 17 \\ \hline \square\square \end{array}$$

4.
$$\begin{array}{r} 75 \\ -\ 48 \\ \hline \square\square \end{array}$$

5.
$$\begin{array}{r} 56 \\ \times\ \ 4 \\ \hline \square\square\square \end{array}$$

6.
$$\begin{array}{r} 84 \\ \times\ \ 2 \\ \hline \square\square\square \end{array}$$

7. $9\overline{)81}$

8. $4\overline{)36}$

9	96 × 9 =
10	14 × 7 =
11	57 × 5 =
12	93 × 3 =
13	10 × 8 =
14	72 × 6 =
15	15 × 4 =
16	37 × 2 =
17	26 × 7 =
18	43 × 5 =
19	48 ÷ 6 =
20	56 ÷ 7 =
21	64 ÷ 8 =
22	72 ÷ 9 =
23	18 ÷ 2 =
24	27 ÷ 3 =
25	36 ÷ 4 =
26	45 ÷ 5 =
27	48 ÷ 6 =
28	56 ÷ 7 =

1회 2회

머릿속에 주판을 그리며 풀어 보세요.

1	2
$45 + 39 =$ □□	$78 + 67 =$ □□□

3	4
$46 - 28 =$ □□	$74 - 19 =$ □□

5	6
$51 \times 4 =$ □□□	$60 \times 3 =$ □□□

7	8
$54 \div 6 =$ □	$72 \div 9 =$ □

9	$42 \times 2 =$
10	$18 \times 4 =$
11	$36 \times 6 =$
12	$79 \times 8 =$
13	$66 \times 3 =$
14	$87 \times 5 =$
15	$49 \times 7 =$
16	$23 \times 9 =$
17	$57 \times 4 =$
18	$82 \times 7 =$
19	$64 \div 8 =$
20	$72 \div 9 =$
21	$54 \div 6 =$
22	$63 \div 7 =$
23	$72 \div 8 =$
24	$81 \div 9 =$
25	$16 \div 2 =$
26	$32 \div 4 =$
27	$45 \div 5 =$
28	$56 \div 8 =$

1회 2회

공부한 날 월 일

덧셈 뺄셈

5일차 차근차근 주판으로 해 보세요.

1	2	3	4	5
2	9	6	4	5
8	8	2	− 3	9
9	− 4	4	5	1
6	6	3	8	4
5	− 7	5	− 9	2

6	7	8	9	10
7	8	6	7	3
9	− 4	8	− 1	9
8	6	5	9	7
5	− 5	1	− 3	6
4	2	7	5	4

11	12	13	14	15
9	4	2	3	9
7	7	8	6	5
5	− 6	3	7	2
6	8	6	− 5	1
8	− 3	7	− 9	3

1회 2회

차근차근 주판으로 해 보세요.

1	2	3	4	5
4	3	9	6	7
2	− 2	1	8	9
8	9	7	− 5	4
1	4	8	4	5
9	− 7	6	− 9	2

6	7	8	9	10
8	4	9	5	2
7	8	2	− 3	9
9	− 7	3	2	7
3	− 4	5	9	6
2	9	4	− 8	3

11	12	13	14	15
7	5	4	2	9
3	− 1	6	8	6
5	6	9	− 1	4
4	9	8	− 9	5
6	− 8	2	6	7

1회	2회	

차근차근 주판으로 해 보세요.

1	28 × 6 =	21	455 ÷ 5 =
2	46 × 8 =	22	294 ÷ 7 =
3	90 × 4 =	23	585 ÷ 9 =
4	58 × 2 =	24	192 ÷ 3 =
5	25 × 7 =	25	348 ÷ 4 =
6	61 × 9 =	26	432 ÷ 6 =
7	26 × 3 =	27	344 ÷ 8 =
8	34 × 5 =	28	136 ÷ 2 =
9	95 × 2 =	29	45 ÷ 3 =
10	36 × 8 =	30	235 ÷ 5 =
11	72 × 6 =	31	350 ÷ 7 =
12	96 × 4 =	32	342 ÷ 9 =
13	64 × 3 =	33	42 ÷ 2 =
14	78 × 5 =	34	184 ÷ 4 =
15	35 × 7 =	35	324 ÷ 6 =
16	19 × 9 =	36	104 ÷ 8 =
17	23 × 2 =	37	497 ÷ 7 =
18	84 × 4 =	38	388 ÷ 4 =
19	12 × 6 =	39	170 ÷ 5 =
20	47 × 8 =	40	196 ÷ 2 =

1회	2회	

차근차근 주판으로 해 보세요.

1	82 × 7 =	21	225 ÷ 5 =
2	14 × 9 =	22	249 ÷ 3 =
3	96 × 5 =	23	637 ÷ 7 =
4	57 × 3 =	24	630 ÷ 9 =
5	30 × 6 =	25	68 ÷ 4 =
6	48 × 8 =	26	76 ÷ 2 =
7	67 × 4 =	27	324 ÷ 6 =
8	52 × 2 =	28	496 ÷ 8 =
9	13 × 9 =	29	810 ÷ 9 =
10	90 × 7 =	30	294 ÷ 7 =
11	68 × 5 =	31	180 ÷ 5 =
12	92 × 3 =	32	54 ÷ 3 =
13	74 × 8 =	33	632 ÷ 8 =
14	35 × 6 =	34	306 ÷ 6 =
15	15 × 4 =	35	70 ÷ 2 =
16	97 × 2 =	36	188 ÷ 4 =
17	81 × 7 =	37	87 ÷ 3 =
18	63 × 5 =	38	400 ÷ 5 =
19	24 × 6 =	39	483 ÷ 7 =
20	62 × 4 =	40	279 ÷ 9 =

1회 2회

필산
암산

5일차

머릿속에 주판을 그리며 풀어 보세요.

1.
$$\begin{array}{r} 47 \\ +\ 54 \\ \hline \square\square\square \end{array}$$

2.
$$\begin{array}{r} 13 \\ +\ 50 \\ \hline \square\square \end{array}$$

3.
$$\begin{array}{r} 87 \\ -\ 26 \\ \hline \square\square \end{array}$$

4.
$$\begin{array}{r} 91 \\ -\ 28 \\ \hline \square\square \end{array}$$

5.
$$\begin{array}{r} 75 \\ \times\ \ 4 \\ \hline \square\square\square \end{array}$$

6.
$$\begin{array}{r} 49 \\ \times\ \ 8 \\ \hline \square\square\square \end{array}$$

7.
$$2\overline{)12}$$

8.
$$7\overline{)63}$$

9	91 × 2 =
10	42 × 7 =
11	13 × 5 =
12	68 × 8 =
13	79 × 9 =
14	24 × 3 =
15	63 × 4 =
16	81 × 2 =
17	75 × 8 =
18	43 × 7 =
19	217 ÷ 7 =
20	318 ÷ 6 =
21	711 ÷ 9 =
22	388 ÷ 4 =
23	216 ÷ 6 =
24	225 ÷ 3 =
25	152 ÷ 8 =
26	168 ÷ 4 =
27	588 ÷ 7 =
28	408 ÷ 6 =

1회 | 2회

필산
암산

5일차

머릿속에 주판을 그리며 풀어 보세요.

1

$$\begin{array}{r} 36 \\ +\ 90 \\ \hline \square\square\square \end{array}$$

2

$$\begin{array}{r} \square\ \ \\ 68 \\ +\ 53 \\ \hline \square\square\square \end{array}$$

3

$$\begin{array}{r} 27 \\ -\ 14 \\ \hline \square\square \end{array}$$

4

$$\begin{array}{r} 89 \\ -\ 57 \\ \hline \square\square \end{array}$$

5

$$\begin{array}{r} \square\ \ \\ 42 \\ \times\ \ 8 \\ \hline \square\square\square \end{array}$$

6

$$\begin{array}{r} \square\ \ \\ 16 \\ \times\ \ 6 \\ \hline \square\square \end{array}$$

7

$$3\overline{)12}$$

8

$$8\overline{)72}$$

9	18 × 2 =
10	70 × 9 =
11	35 × 3 =
12	63 × 8 =
13	59 × 4 =
14	82 × 7 =
15	17 × 6 =
16	26 × 9 =
17	37 × 5 =
18	45 × 4 =
19	177 ÷ 3 =
20	296 ÷ 8 =
21	288 ÷ 6 =
22	666 ÷ 9 =
23	32 ÷ 2 =
24	196 ÷ 4 =
25	360 ÷ 6 =
26	696 ÷ 8 =
27	315 ÷ 9 =
28	448 ÷ 7 =

1회 2회

덧셈 뺄셈

6일차

차근차근 주판으로 해 보세요.

1	2	3	4	5
9	2	6	4	7
1	3	8	7	6
8	5	7	−6	8
2	−1	4	8	4
4	−4	9	−2	5
1	7	2	3	2
7	−8	3	−5	3

6	7	8	9	10
2	3	7	8	5
6	4	1	−7	9
4	−7	9	5	7
3	6	8	9	6
5	9	5	−3	3
8	−1	3	−4	1
9	−8	4	6	2

11	12	13	14	15
2	8	4	8	5
4	−3	1	−5	9
1	−1	2	9	1
8	4	8	−3	6
3	6	3	6	8
6	−7	6	−7	2
7	5	7	2	7

1회 2회

덧셈 뺄셈

6일차 차근차근 주판으로 해 보세요.

1	2	3	4	5
6	3	4	8	2
9	7	1	9	6
7	− 6	9	− 1	4
5	9	8	7	3
3	5	5	− 3	5
8	− 4	3	− 4	8
2	− 2	7	6	9

6	7	8	9	10
3	6	7	5	9
4	8	4	− 1	3
6	− 7	6	3	2
2	4	8	− 2	5
9	9	2	9	7
1	− 2	3	− 4	8
7	− 3	5	7	6

11	12	13	14	15
4	5	9	7	5
8	6	3	− 1	7
6	− 4	1	9	2
2	8	7	− 3	3
9	7	2	6	9
1	− 2	5	− 8	6
7	− 3	6	4	8

평가

1회	2회	

차근차근 주판으로 해 보세요.

1	78 × 3 =	21	84 ÷ 7 =
2	30 × 5 =	22	200 ÷ 5 =
3	69 × 4 =	23	114 ÷ 3 =
4	41 × 6 =	24	531 ÷ 9 =
5	56 × 7 =	25	90 ÷ 6 =
6	75 × 9 =	26	272 ÷ 4 =
7	83 × 2 =	27	148 ÷ 2 =
8	40 × 8 =	28	784 ÷ 8 =
9	59 × 3 =	29	54 ÷ 2 =
10	76 × 5 =	30	140 ÷ 4 =
11	18 × 7 =	31	246 ÷ 6 =
12	24 × 9 =	32	608 ÷ 8 =
13	91 × 2 =	33	42 ÷ 3 =
14	70 × 4 =	34	150 ÷ 5 =
15	52 × 6 =	35	497 ÷ 7 =
16	65 × 8 =	36	837 ÷ 9 =
17	84 × 3 =	37	168 ÷ 2 =
18	72 × 7 =	38	585 ÷ 9 =
19	93 × 4 =	39	69 ÷ 3 =
20	60 × 6 =	40	472 ÷ 8 =

1회 | 2회

차근차근 주판으로 해 보세요.

1	64 × 4 =	21	168 ÷ 8 =
2	38 × 2 =	22	176 ÷ 2 =
3	29 × 6 =	23	160 ÷ 4 =
4	57 × 8 =	24	144 ÷ 6 =
5	48 × 3 =	25	855 ÷ 9 =
6	21 × 5 =	26	228 ÷ 3 =
7	60 × 7 =	27	180 ÷ 5 =
8	73 × 9 =	28	196 ÷ 7 =
9	58 × 2 =	29	156 ÷ 4 =
10	15 × 4 =	30	34 ÷ 2 =
11	96 × 6 =	31	368 ÷ 8 =
12	24 × 8 =	32	426 ÷ 6 =
13	20 × 3 =	33	196 ÷ 2 =
14	65 × 5 =	34	216 ÷ 4 =
15	41 × 7 =	35	210 ÷ 6 =
16	79 × 9 =	36	576 ÷ 8 =
17	90 × 4 =	37	267 ÷ 3 =
18	48 × 6 =	38	300 ÷ 5 =
19	51 × 2 =	39	357 ÷ 7 =
20	39 × 8 =	40	288 ÷ 9 =

1회 2회

머릿속에 주판을 그리며 풀어 보세요.

1	2
$48 + 57 = \square\square\square$	$45 + 32 = \square\square$

3	4
$81 - 60 = \square\square$	$79 - 56 = \square\square$

5	6
$24 \times 9 = \square\square\square$	$19 \times 3 = \square\square$

7	8
$3\overline{)15}$	$8\overline{)64}$

9	31 × 9 =
10	42 × 7 =
11	30 × 5 =
12	63 × 3 =
13	25 × 8 =
14	79 × 6 =
15	17 × 4 =
16	78 × 2 =
17	56 × 7 =
18	85 × 4 =
19	185 ÷ 5 =
20	48 ÷ 2 =
21	186 ÷ 3 =
22	153 ÷ 3 =
23	188 ÷ 2 =
24	415 ÷ 5 =
25	568 ÷ 8 =
26	483 ÷ 7 =
27	408 ÷ 6 =
28	702 ÷ 9 =

1회 2회

필산 암산

6일차

머릿속에 주판을 그리며 풀어 보세요.

1	2
$83 + 70 =$ □□□	$67 + 35 =$ □□□

3	4
$94 - 20 =$ □□	$81 - 23 =$ □□

5	6
$18 \times 9 =$ □□□	$65 \times 6 =$ □□□

7	8
$2\overline{)12}$	$5\overline{)20}$

9	$54 \times 2 =$
10	$12 \times 4 =$
11	$40 \times 6 =$
12	$38 \times 8 =$
13	$59 \times 3 =$
14	$76 \times 5 =$
15	$23 \times 7 =$
16	$51 \times 9 =$
17	$64 \times 4 =$
18	$97 \times 8 =$
19	$380 \div 4 =$
20	$184 \div 8 =$
21	$54 \div 2 =$
22	$288 \div 3 =$
23	$126 \div 7 =$
24	$129 \div 3 =$
25	$84 \div 6 =$
26	$609 \div 7 =$
27	$360 \div 5 =$
28	$118 \div 2 =$

1회 2회

덧셈 뺄셈

7일차

차근차근 주판으로 해 보세요.

1	2	3	4	5
8	9	3	4	3
2	− 6	7	5	9
9	8	5	− 3	1
6	− 2	4	7	2
1	4	1	9	5
4	− 5	6	− 2	7
5	7	9	− 8	6

6	7	8	9	10
2	8	7	5	7
9	− 4	6	8	3
1	6	8	− 6	5
3	7	4	7	6
7	− 5	2	− 9	9
6	− 1	9	7	1
4	2	3	− 4	4

11	12	13	14	15
9	2	9	5	4
6	8	4	− 1	5
5	− 1	8	− 3	3
4	− 4	2	4	1
1	9	5	7	8
8	6	3	− 6	6
2	− 5	7	8	7

1회 2회

7일차

차근차근 주판으로 해 보세요.

1	2	3	4	5
6	9	4	6	9
8	6	2	− 3	5
9	− 2	3	2	7
2	8	6	4	8
7	− 3	1	7	1
4	− 1	8	− 5	6
3	5	7	− 9	3

6	7	8	9	10
8	7	3	6	5
5	− 3	9	− 2	6
7	9	7	4	2
9	− 4	1	5	4
6	8	5	− 7	7
3	− 6	2	8	1
4	2	6	− 9	8

11	12	13	14	15
6	5	7	3	9
2	8	1	9	5
4	− 4	9	− 7	7
5	− 2	3	− 1	8
8	6	8	4	1
3	7	5	− 3	4
9	− 1	4	6	3

1회 2회

차근차근 주판으로 해 보세요.

1	51 × 3 =	21	279 ÷ 9 =
2	32 × 9 =	22	184 ÷ 2 =
3	69 × 5 =	23	592 ÷ 8 =
4	30 × 7 =	24	258 ÷ 3 =
5	86 × 2 =	25	350 ÷ 7 =
6	94 × 8 =	26	272 ÷ 4 =
7	15 × 6 =	27	125 ÷ 5 =
8	32 × 4 =	28	426 ÷ 6 =
9	95 × 2 =	29	294 ÷ 3 =
10	40 × 4 =	30	405 ÷ 5 =
11	21 × 6 =	31	441 ÷ 7 =
12	73 × 8 =	32	675 ÷ 9 =
13	68 × 3 =	33	80 ÷ 2 =
14	82 × 5 =	34	152 ÷ 4 =
15	98 × 7 =	35	354 ÷ 6 =
16	75 × 9 =	36	608 ÷ 8 =
17	26 × 4 =	37	75 ÷ 3 =
18	43 × 7 =	38	70 ÷ 5 =
19	74 × 6 =	39	192 ÷ 2 =
20	29 × 3 =	40	348 ÷ 4 =

1회	2회

차근차근 주판으로 해 보세요.

1	71 × 4 =	21	208 ÷ 8 =
2	34 × 2 =	22	90 ÷ 2 =
3	98 × 6 =	23	873 ÷ 9 =
4	63 × 8 =	24	72 ÷ 3 =
5	46 × 5 =	25	558 ÷ 6 =
6	70 × 7 =	26	224 ÷ 4 =
7	21 × 9 =	27	126 ÷ 7 =
8	97 × 3 =	28	255 ÷ 5 =
9	60 × 2 =	29	234 ÷ 3 =
10	23 × 8 =	30	160 ÷ 5 =
11	87 × 4 =	31	595 ÷ 7 =
12	59 × 6 =	32	828 ÷ 9 =
13	94 × 3 =	33	152 ÷ 2 =
14	81 × 9 =	34	360 ÷ 8 =
15	65 × 5 =	35	168 ÷ 6 =
16	36 × 7 =	36	376 ÷ 4 =
17	79 × 4 =	37	279 ÷ 9 =
18	54 × 3 =	38	160 ÷ 2 =
19	20 × 6 =	39	210 ÷ 5 =
20	18 × 7 =	40	456 ÷ 6 =

1회 2회

머릿속에 주판을 그리며 풀어 보세요.

1	2
$53 + 47 =$ □□□	$28 + 91 =$ □□□

3	4
$76 - 41 =$ □□	$58 - 39 =$ □□

5	6
$28 \times 8 =$ □□□	$96 \times 2 =$ □□□

7	8
$16 \div 4 =$ □	$40 \div 8 =$ □

9	$86 \times 8 =$
10	$53 \times 6 =$
11	$64 \times 4 =$
12	$27 \times 2 =$
13	$19 \times 9 =$
14	$82 \times 7 =$
15	$98 \times 5 =$
16	$62 \times 3 =$
17	$16 \times 4 =$
18	$37 \times 5 =$
19	$531 \div 9 =$
20	$108 \div 9 =$
21	$344 \div 4 =$
22	$425 \div 5 =$
23	$640 \div 8 =$
24	$423 \div 9 =$
25	$96 \div 8 =$
26	$432 \div 9 =$
27	$357 \div 7 =$
28	$350 \div 7 =$

1회 2회

머릿속에 주판을 그리며 풀어 보세요.

1.
$$\begin{array}{r} 37 \\ +\ 51 \\ \hline \square\square \end{array}$$

2.
$$\begin{array}{r} 24 \\ +\ 80 \\ \hline \square\square\square \end{array}$$

3.
$$\begin{array}{r} \square\square \\ 96 \\ -\ 27 \\ \hline \square\square \end{array}$$

4.
$$\begin{array}{r} \square\square \\ 53 \\ -\ 14 \\ \hline \square\square \end{array}$$

5.
$$\begin{array}{r} \square\ \ \\ 98 \\ \times\ \ 3 \\ \hline \square\square\square \end{array}$$

6.
$$\begin{array}{r} \square\ \ \\ 79 \\ \times\ \ 6 \\ \hline \square\square\square \end{array}$$

7.
$$3\overline{)18}$$ (몫 □, □□, 나머지 □)

8.
$$7\overline{)28}$$ (몫 □, □□, 나머지 □)

9	52 × 7 =
10	64 × 5 =
11	35 × 3 =
12	68 × 9 =
13	47 × 6 =
14	29 × 8 =
15	31 × 2 =
16	13 × 4 =
17	92 × 3 =
18	74 × 7 =
19	415 ÷ 5 =
20	195 ÷ 5 =
21	186 ÷ 3 =
22	228 ÷ 3 =
23	776 ÷ 8 =
24	52 ÷ 4 =
25	160 ÷ 2 =
26	148 ÷ 2 =
27	164 ÷ 4 =
28	552 ÷ 6 =

1회 2회

덧셈 뺄셈

8일차

차근차근 주판으로 해 보세요.

1	2	3	4	5
8	4	8	6	9
9	−2	1	8	6
7	3	4	−9	2
5	8	3	−2	8
3	−1	7	5	9
2	7	9	−4	1
4	−5	5	3	5

6	7	8	9	10
5	4	2	4	7
1	5	8	7	3
3	−3	1	−3	5
4	−2	4	8	6
2	8	7	−6	7
9	6	6	−5	8
8	−9	5	9	2

11	12	13	14	15
8	7	3	2	4
4	6	9	7	3
6	−4	1	−8	1
7	8	2	9	8
3	−3	7	−6	2
1	9	6	−4	5
2	−7	4	8	9

1회	2회

덧셈 뺄셈

8일차

차근차근 주판으로 해 보세요.

1	2	3	4	5
4	4	8	6	8
1	7	3	− 4	2
9	8	5	2	5
6	− 9	4	7	6
3	− 2	1	− 3	4
7	5	7	− 5	9
5	− 3	6	9	3

6	7	8	9	10
5	2	5	9	2
9	6	9	− 6	5
3	− 7	2	7	4
7	9	3	5	7
1	5	1	− 3	3
8	− 1	6	2	1
2	− 9	7	− 8	6

11	12	13	14	15
9	8	4	5	8
4	− 4	3	− 1	5
3	6	9	9	7
6	− 1	8	− 2	6
2	9	1	8	3
5	− 7	7	6	9
8	6	5	− 4	2

평가

1회	2회

차근차근 주판으로 해 보세요.

1	96 × 3 =	21	238 ÷ 7 =
2	81 × 5 =	22	882 ÷ 9 =
3	29 × 7 =	23	85 ÷ 5 =
4	54 × 9 =	24	279 ÷ 3 =
5	70 × 2 =	25	144 ÷ 9 =
6	48 × 4 =	26	406 ÷ 7 =
7	56 × 6 =	27	215 ÷ 5 =
8	13 × 8 =	28	225 ÷ 3 =
9	52 × 2 =	29	736 ÷ 8 =
10	70 × 9 =	30	210 ÷ 6 =
11	89 × 3 =	31	384 ÷ 4 =
12	43 × 8 =	32	144 ÷ 2 =
13	64 × 4 =	33	126 ÷ 9 =
14	72 × 7 =	34	80 ÷ 2 =
15	59 × 5 =	35	104 ÷ 8 =
16	14 × 2 =	36	147 ÷ 3 =
17	52 × 4 =	37	602 ÷ 7 =
18	38 × 2 =	38	100 ÷ 4 =
19	90 × 6 =	39	300 ÷ 5 =
20	26 × 8 =	40	282 ÷ 6 =

1회	2회	

차근차근 주판으로 해 보세요.

1	72 × 2 =	21	504 ÷ 6 =
2	19 × 7 =	22	156 ÷ 2 =
3	58 × 4 =	23	224 ÷ 7 =
4	23 × 5 =	24	345 ÷ 5 =
5	87 × 9 =	25	504 ÷ 9 =
6	51 × 3 =	26	186 ÷ 3 =
7	48 × 5 =	27	592 ÷ 8 =
8	16 × 7 =	28	160 ÷ 4 =
9	53 × 9 =	29	68 ÷ 2 =
10	92 × 2 =	30	356 ÷ 4 =
11	79 × 4 =	31	258 ÷ 6 =
12	54 × 6 =	32	136 ÷ 8 =
13	28 × 8 =	33	369 ÷ 9 =
14	12 × 8 =	34	371 ÷ 7 =
15	45 × 3 =	35	360 ÷ 5 =
16	97 × 9 =	36	249 ÷ 3 =
17	36 × 2 =	37	472 ÷ 8 =
18	93 × 7 =	38	72 ÷ 3 =
19	56 × 4 =	39	549 ÷ 9 =
20	18 × 5 =	40	68 ÷ 4 =

1회	2회

머릿속에 주판을 그리며 풀어 보세요.

1

$$\begin{array}{r} 34 \\ +\ 68 \\ \hline \square\square\square \end{array}$$

2

$$\begin{array}{r} 75 \\ +\ 26 \\ \hline \square\square\square \end{array}$$

3

$$\begin{array}{r} 94 \\ -\ 13 \\ \hline \square\square \end{array}$$

4

$$\begin{array}{r} 96 \\ -\ 21 \\ \hline \square\square \end{array}$$

5

$$\begin{array}{r} 38 \\ \times\ \ 9 \\ \hline \square\square\square \end{array}$$

6

$$\begin{array}{r} 45 \\ \times\ \ 8 \\ \hline \square\square\square \end{array}$$

7

$$2\overline{)\,18}$$

8

$$6\overline{)\,24}$$

9	69 × 9 =
10	53 × 7 =
11	25 × 5 =
12	39 × 4 =
13	14 × 3 =
14	87 × 2 =
15	90 × 8 =
16	26 × 6 =
17	89 × 4 =
18	17 × 2 =
19	414 ÷ 6 =
20	602 ÷ 7 =
21	290 ÷ 5 =
22	100 ÷ 4 =
23	371 ÷ 7 =
24	273 ÷ 3 =
25	195 ÷ 5 =
26	468 ÷ 9 =
27	28 ÷ 2 =
28	696 ÷ 8 =

1회 2회

필산
암산

8일차

머릿속에 주판을 그리며 풀어 보세요.

1

$$\begin{array}{r} 72 \\ +\ 49 \\ \hline \square\square\square \end{array}$$

2

$$\begin{array}{r} 36 \\ +\ 17 \\ \hline \square\square \end{array}$$

3

$$\begin{array}{r} 97 \\ -\ 80 \\ \hline \square\square \end{array}$$

4

$$\begin{array}{r} 48 \\ -\ 16 \\ \hline \square\square \end{array}$$

5

$$\begin{array}{r} 23 \\ \times\ \ 9 \\ \hline \square\square\square \end{array}$$

6

$$\begin{array}{r} 56 \\ \times\ \ 3 \\ \hline \square\square\square \end{array}$$

7

$$6\overline{)18}$$

8

$$9\overline{)27}$$

9	79 × 8 =
10	64 × 9 =
11	37 × 7 =
12	51 × 5 =
13	47 × 3 =
14	83 × 2 =
15	62 × 4 =
16	97 × 6 =
17	80 × 8 =
18	41 × 5 =
19	158 ÷ 2 =
20	512 ÷ 8 =
21	270 ÷ 3 =
22	148 ÷ 4 =
23	130 ÷ 5 =
24	534 ÷ 6 =
25	434 ÷ 7 =
26	136 ÷ 8 =
27	243 ÷ 9 =
28	208 ÷ 4 =

1회 2회

덧셈
뺄셈

9일차

차근차근 주판으로 해 보세요.

1	2	3	4	5
4 2 7 3 8 1 5	7 9 − 4 6 5 − 2 − 8	8 3 6 5 4 1 7	6 9 − 2 − 3 1 5 − 4	7 5 3 9 1 8 2

6	7	8	9	10
5 6 4 8 3 2 9	4 − 1 7 8 − 6 5 − 3	6 4 7 9 5 8 3	5 9 − 6 − 4 7 − 2 3	4 1 3 9 2 7 5

11	12	13	14	15
9 3 2 8 4 6 5	5 9 − 8 − 4 9 − 7 6	5 2 6 8 7 4 3	5 − 2 8 − 4 6 7 − 9	8 4 9 5 7 6 3

1회	2회	

차근차근 주판으로 해 보세요.

1	2	3	4	5
5	9	3	4	4
3	− 6	2	8	1
7	4	9	− 1	7
6	7	1	− 2	5
2	− 8	6	7	8
9	3	8	− 5	9
8	− 2	4	3	3

6	7	8	9	10
7	8	6	4	9
3	5	2	9	1
1	− 3	7	− 7	4
4	7	5	− 1	2
5	− 6	9	3	6
9	9	3	− 5	5
6	− 2	4	6	8

11	12	13	14	15
6	5	6	4	7
4	− 3	5	9	2
8	8	4	− 8	1
7	2	8	5	3
5	− 6	3	6	8
2	4	7	− 2	4
9	− 7	2	− 9	5

1회	2회

차근차근 주판으로 해 보세요.

1	35 × 4 =	21	279 ÷ 3 =
2	29 × 7 =	22	112 ÷ 2 =
3	90 × 6 =	23	370 ÷ 5 =
4	46 × 9 =	24	354 ÷ 6 =
5	17 × 3 =	25	128 ÷ 8 =
6	96 × 8 =	26	203 ÷ 7 =
7	71 × 2 =	27	765 ÷ 9 =
8	38 × 5 =	28	120 ÷ 2 =
9	47 × 4 =	29	216 ÷ 8 =
10	82 × 2 =	30	108 ÷ 3 =
11	49 × 6 =	31	510 ÷ 6 =
12	54 × 8 =	32	69 ÷ 3 =
13	12 × 3 =	33	395 ÷ 5 =
14	68 × 5 =	34	280 ÷ 7 =
15	39 × 7 =	35	136 ÷ 4 =
16	72 × 9 =	36	738 ÷ 9 =
17	63 × 2 =	37	475 ÷ 5 =
18	48 × 4 =	38	560 ÷ 8 =
19	51 × 9 =	39	32 ÷ 2 =
20	18 × 7 =	40	292 ÷ 4 =

1회 2회

차근차근 주판으로 해 보세요.

1	76 × 5 =	21	204 ÷ 6 =
2	15 × 7 =	22	240 ÷ 3 =
3	28 × 3 =	23	357 ÷ 7 =
4	34 × 9 =	24	184 ÷ 2 =
5	21 × 6 =	25	837 ÷ 9 =
6	84 × 4 =	26	150 ÷ 3 =
7	69 × 8 =	27	544 ÷ 8 =
8	43 × 2 =	28	296 ÷ 4 =
9	96 × 9 =	29	595 ÷ 7 =
10	81 × 3 =	30	546 ÷ 6 =
11	28 × 5 =	31	310 ÷ 5 =
12	72 × 7 =	32	60 ÷ 2 =
13	63 × 8 =	33	268 ÷ 4 =
14	91 × 2 =	34	138 ÷ 6 =
15	45 × 4 =	35	112 ÷ 8 =
16	37 × 6 =	36	75 ÷ 3 =
17	40 × 7 =	37	185 ÷ 5 =
18	25 × 2 =	38	658 ÷ 7 =
19	61 × 6 =	39	729 ÷ 9 =
20	57 × 3 =	40	380 ÷ 4 =

1회 | 2회

머릿속에 주판을 그리며 풀어 보세요.

1	2
$96 + 48 =$ □□□	$32 + 50 =$ □□

3	4
$90 - 71 =$ □□	$75 - 34 =$ □□

5	6
$61 \times 9 =$ □□□	$82 \times 2 =$ □□□

7	8
$2\overline{)16}$ □	$5\overline{)45}$ □

9	$50 \times 7 =$
10	$39 \times 9 =$
11	$76 \times 5 =$
12	$13 \times 3 =$
13	$74 \times 6 =$
14	$92 \times 8 =$
15	$86 \times 4 =$
16	$58 \times 2 =$
17	$91 \times 5 =$
18	$52 \times 8 =$
19	$95 \div 5 =$
20	$128 \div 2 =$
21	$246 \div 3 =$
22	$245 \div 7 =$
23	$392 \div 4 =$
24	$340 \div 5 =$
25	$96 \div 6 =$
26	$423 \div 9 =$
27	$74 \div 2 =$
28	$87 \div 3 =$

1회 2회

9일차 필산 암산

머릿속에 주판을 그리며 풀어 보세요.

1	2
$91 + 72 =$ □□□	$56 + 83 =$ □□□

3	4
$62 - 44 =$ □□	$74 - 20 =$ □□

5	6
$13 \times 8 =$ □□□	$85 \times 5 =$ □□□

7	8
$24 \div 6 =$ □	$36 \div 9 =$ □

9	$95 \times 9 =$
10	$27 \times 7 =$
11	$43 \times 5 =$
12	$18 \times 3 =$
13	$72 \times 8 =$
14	$59 \times 6 =$
15	$86 \times 4 =$
16	$80 \times 2 =$
17	$12 \times 7 =$
18	$48 \times 5 =$
19	$432 \div 8 =$
20	$124 \div 4 =$
21	$84 \div 7 =$
22	$78 \div 6 =$
23	$200 \div 5 =$
24	$736 \div 8 =$
25	$342 \div 9 =$
26	$148 \div 2 =$
27	$177 \div 3 =$
28	$774 \div 9 =$

1회 2회

덧셈 뺄셈

10일차

차근차근 주판으로 해 보세요.

1	2	3	4	5
6	9	6	5	6
1	4	3	− 1	8
7	− 6	2	7	5
2	− 3	8	− 2	1
8	5	1	9	4
5	− 4	9	− 8	3
4	7	5	6	7

6	7	8	9	10
3	4	6	3	7
5	9	7	4	3
9	− 6	1	− 6	4
7	8	3	7	8
6	7	4	− 2	2
2	− 3	9	5	1
8	− 2	5	− 8	9

11	12	13	14	15
9	2	4	5	8
1	3	8	− 2	6
8	− 5	5	6	4
2	6	9	− 8	1
4	− 1	3	9	2
5	8	1	− 4	7
6	− 7	7	3	9

1회 2회

덧셈 뺄셈

10일차

차근차근 주판으로 해 보세요.

1	2	3	4	5
5	4	9	2	5
2	6	1	6	7
7	−7	5	−3	9
1	8	2	−4	3
8	−3	3	9	1
9	−2	8	−5	6
4	5	6	7	8

6	7	8	9	10
3	7	3	7	6
1	4	9	−5	1
7	−9	6	−1	5
4	8	7	4	3
5	6	2	8	9
6	−2	5	−6	2
9	−5	4	2	7

11	12	13	14	15
5	9	2	8	6
8	−2	8	−2	2
9	7	4	5	3
7	6	6	6	4
3	−4	9	−9	9
6	−3	5	3	5
4	5	7	−4	7

평가

1회	2회

확인

차근차근 주판으로 해 보세요.

1	61 × 7 =	21	516 ÷ 6 =
2	42 × 5 =	22	568 ÷ 8 =
3	37 × 3 =	23	120 ÷ 4 =
4	93 × 9 =	24	104 ÷ 2 =
5	19 × 6 =	25	133 ÷ 7 =
6	47 × 4 =	26	342 ÷ 9 =
7	56 × 2 =	27	230 ÷ 5 =
8	27 × 8 =	28	87 ÷ 3 =
9	53 × 3 =	29	172 ÷ 2 =
10	48 × 5 =	30	204 ÷ 4 =
11	23 × 7 =	31	228 ÷ 6 =
12	86 × 9 =	32	600 ÷ 8 =
13	45 × 2 =	33	282 ÷ 3 =
14	91 × 4 =	34	100 ÷ 5 =
15	62 × 6 =	35	637 ÷ 7 =
16	47 × 8 =	36	585 ÷ 9 =
17	89 × 3 =	37	148 ÷ 4 =
18	35 × 6 =	38	196 ÷ 7 =
19	92 × 5 =	39	195 ÷ 5 =
20	15 × 2 =	40	592 ÷ 8 =

1회	2회

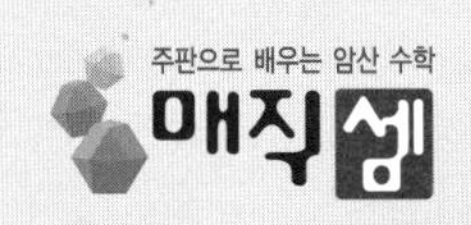

차근차근 주판으로 해 보세요.

1	93 × 9 =	21	672 ÷ 8 =
2	12 × 7 =	22	540 ÷ 6 =
3	68 × 5 =	23	184 ÷ 4 =
4	74 × 3 =	24	104 ÷ 2 =
5	67 × 8 =	25	837 ÷ 9 =
6	82 × 6 =	26	105 ÷ 7 =
7	43 × 4 =	27	380 ÷ 5 =
8	37 × 2 =	28	105 ÷ 3 =
9	98 × 3 =	29	134 ÷ 2 =
10	54 × 5 =	30	52 ÷ 4 =
11	75 × 7 =	31	174 ÷ 6 =
12	36 × 9 =	32	120 ÷ 8 =
13	21 × 2 =	33	279 ÷ 3 =
14	82 × 4 =	34	420 ÷ 5 =
15	15 × 6 =	35	469 ÷ 7 =
16	48 × 8 =	36	774 ÷ 9 =
17	96 × 9 =	37	408 ÷ 8 =
18	38 × 7 =	38	170 ÷ 5 =
19	64 × 5 =	39	711 ÷ 9 =
20	97 × 3 =	40	240 ÷ 6 =

1회 2회

머릿속에 주판을 그리며 풀어 보세요.

1	2
$91 + 43 = \square\square\square$	$97 + 80 = \square\square\square$

3	4
$52 - 37 = \square\square$	$87 - 31 = \square\square$

5	6
$24 \times 8 = \square\square\square$	$96 \times 9 = \square\square\square$

7	8
$2\overline{)14}$	$9\overline{)45}$

9	96 × 3 =
10	14 × 5 =
11	87 × 7 =
12	59 × 9 =
13	12 × 2 =
14	85 × 4 =
15	62 × 6 =
16	94 × 8 =
17	71 × 9 =
18	68 × 7 =
19	304 ÷ 4 =
20	159 ÷ 3 =
21	115 ÷ 5 =
22	256 ÷ 4 =
23	357 ÷ 7 =
24	384 ÷ 6 =
25	245 ÷ 7 =
26	776 ÷ 8 =
27	189 ÷ 3 =
28	172 ÷ 2 =

1회 2회

머릿속에 주판을 그리며 풀어 보세요.

1	2
60 + 86 = □□□	□ 29 + 54 = □□

3	4
□□ 73 − 18 = □□	□□ 41 − 27 = □□

5	6
□ 69 × 8 = □□□	53 × 2 = □□□

7	8
6)42	4)32

9	49 × 2 =
10	37 × 6 =
11	60 × 8 =
12	87 × 4 =
13	24 × 3 =
14	51 × 7 =
15	83 × 5 =
16	69 × 9 =
17	78 × 4 =
18	23 × 5 =
19	118 ÷ 2 =
20	124 ÷ 4 =
21	738 ÷ 9 =
22	294 ÷ 7 =
23	136 ÷ 8 =
24	270 ÷ 9 =
25	130 ÷ 5 =
26	189 ÷ 3 =
27	148 ÷ 4 =
28	125 ÷ 5 =

1회 2회

차근차근 주판으로 해 보세요.

1	2	3	4	5
7 69 8 25 53	8 − 5 3 − 4 6	86 32 4 93 5	4 6 − 3 − 5 8	3 84 25 8 57

6	7	8	9	10
4 − 2 1 8 − 7	63 6 27 9 85	7 9 − 6 − 1 8	6 67 8 44 72	5 9 − 7 6 − 3

11	12	13	14	15
6 83 8 32 91	4 − 2 8 − 3 6	78 3 47 5 52	2 6 − 4 1 − 3	4 93 25 68 9

1회 2회

덧셈 뺄셈

11일차

차근차근 주판으로 해 보세요.

1	2	3	4	5
5 3 2 9 4	62 9 − 24 37 − 8	4 7 8 6 9	6 78 − 57 − 4 39	8 7 4 9 3

6	7	8	9	10
97 8 − 19 − 3 65	9 1 4 3 6	7 82 − 35 46 − 8	4 8 6 5 2	86 − 7 72 9 − 48

11	12	13	14	15
3 7 5 4 6	7 85 − 4 26 − 59	6 9 2 7 4	98 − 2 49 − 26 5	9 6 4 3 8

1회 2회

차근차근 주판으로 해 보세요.

1	49 × 4 =	21	104 ÷ 2 =
2	60 × 6 =	22	784 ÷ 8 =
3	87 × 8 =	23	222 ÷ 6 =
4	24 × 2 =	24	172 ÷ 4 =
5	51 × 3 =	25	81 ÷ 3 =
6	83 × 5 =	26	378 ÷ 9 =
7	69 × 7 =	27	305 ÷ 5 =
8	78 × 9 =	28	413 ÷ 7 =
9	23 × 8 =	29	70 ÷ 2 =
10	96 × 3 =	30	147 ÷ 7 =
11	14 × 6 =	31	48 ÷ 3 =
12	87 × 7 =	32	720 ÷ 8 =
13	59 × 2 =	33	184 ÷ 4 =
14	12 × 9 =	34	140 ÷ 5 =
15	85 × 5 =	35	837 ÷ 9 =
16	37 × 7 =	36	153 ÷ 3 =
17	64 × 9 =	37	216 ÷ 8 =
18	35 × 3 =	38	144 ÷ 4 =
19	62 × 2 =	39	161 ÷ 7 =
20	94 × 8 =	40	504 ÷ 6 =

1회	2회	

곱셈 나눗셈

11일차

차근차근 주판으로 해 보세요.

1	94 × 5 =	21	414 ÷ 6 =
2	18 × 7 =	22	180 ÷ 4 =
3	73 × 3 =	23	26 ÷ 2 =
4	52 × 9 =	24	208 ÷ 8 =
5	36 × 6 =	25	287 ÷ 7 =
6	74 × 4 =	26	190 ÷ 5 =
7	89 × 8 =	27	285 ÷ 3 =
8	15 × 2 =	28	630 ÷ 9 =
9	21 × 9 =	29	168 ÷ 4 =
10	59 × 3 =	30	312 ÷ 6 =
11	84 × 5 =	31	128 ÷ 8 =
12	63 × 7 =	32	146 ÷ 2 =
13	95 × 8 =	33	285 ÷ 5 =
14	86 × 2 =	34	133 ÷ 7 =
15	13 × 4 =	35	585 ÷ 9 =
16	27 × 6 =	36	249 ÷ 3 =
17	47 × 5 =	37	160 ÷ 4 =
18	23 × 7 =	38	182 ÷ 7 =
19	16 × 9 =	39	255 ÷ 3 =
20	85 × 4 =	40	282 ÷ 6 =

1회	2회

머릿속에 주판을 그리며 풀어 보세요.

1.
$$\begin{array}{r} 96 \\ +\ 46 \\ \hline \square\square\square \end{array}$$

2.
$$\begin{array}{r} 48 \\ +\ 28 \\ \hline \square\square \end{array}$$

3.
$$\begin{array}{r} 32 \\ -\ 14 \\ \hline \square\square \end{array}$$

4.
$$\begin{array}{r} 50 \\ -\ 32 \\ \hline \square\square \end{array}$$

5.
$$\begin{array}{r} 71 \\ \times\ \ 7 \\ \hline \square\square\square \end{array}$$

6.
$$\begin{array}{r} 90 \\ \times\ \ 9 \\ \hline \square\square\square \end{array}$$

7. $9 \overline{)387}$

8. $5 \overline{)485}$

9	31 × 5 =
10	25 × 7 =
11	94 × 9 =
12	76 × 3 =
13	80 × 2 =
14	19 × 8 =
15	37 × 6 =
16	28 × 4 =
17	54 × 7 =
18	60 × 5 =
19	400 ÷ 5 =
20	378 ÷ 9 =
21	259 ÷ 7 =
22	408 ÷ 8 =
23	282 ÷ 3 =
24	469 ÷ 7 =
25	153 ÷ 9 =
26	490 ÷ 5 =
27	216 ÷ 6 =
28	60 ÷ 2 =

1회 2회

머릿속에 주판을 그리며 풀어 보세요.

1.
$$\begin{array}{r} 75 \\ +\ 15 \\ \hline \square\square \end{array}$$

2.
$$\begin{array}{r} 34 \\ +\ 63 \\ \hline \square\square \end{array}$$

3.
$$\begin{array}{r} 61 \\ -\ 29 \\ \hline \square\square \end{array}$$

4.
$$\begin{array}{r} 82 \\ -\ 2 \\ \hline \square\square \end{array}$$

5.
$$\begin{array}{r} 91 \\ \times\ 8 \\ \hline \square\square\square \end{array}$$

6.
$$\begin{array}{r} 72 \\ \times\ 3 \\ \hline \square\square\square \end{array}$$

7.
$$\begin{array}{r} \square\square \\ 3\overline{)240} \\ \square\square\ \ \\ \hline 0 \\ \square \\ \hline \square \end{array}$$

8.
$$\begin{array}{r} \square\square \\ 6\overline{)312} \\ \square\square\ \ \\ \hline \square 2 \\ \square\square \\ \hline \square \end{array}$$

9	94 × 7 =
10	75 × 9 =
11	60 × 3 =
12	21 × 5 =
13	84 × 2 =
14	72 × 8 =
15	53 × 6 =
16	48 × 4 =
17	96 × 9 =
18	28 × 5 =
19	108 ÷ 3 =
20	133 ÷ 7 =
21	350 ÷ 7 =
22	180 ÷ 3 =
23	36 ÷ 2 =
24	432 ÷ 6 =
25	144 ÷ 6 =
26	60 ÷ 2 =
27	230 ÷ 5 =
28	184 ÷ 4 =

1회 2회

12일차

차근차근 주판으로 해 보세요.

1	2	3	4	5
68	9	3	2	92
4	−7	79	7	5
36	5	62	−5	37
7	−2	85	8	6
25	9	1	−9	14

6	7	8	9	10
2	8	9	73	5
8	54	−6	7	−1
−4	9	5	45	3
9	26	−3	6	9
−6	45	7	54	−2

11	12	13	14	15
6	9	92	5	7
78	−8	7	3	64
9	7	24	−4	39
42	4	3	7	8
57	−3	85	−9	46

1회 2회

차근차근 주판으로 해 보세요.

1	2	3	4	5
9	45	6	4	3
5	− 7	3	82	6
7	76	2	− 31	5
8	8	4	46	1
6	− 23	8	− 3	9

6	7	8	9	10
96	2	4	7	89
8	4	65	2	− 7
− 27	5	− 38	3	28
5	8	53	7	5
− 34	6	− 9	1	− 96

11	12	13	14	15
7	3	6	92	5
9	58	2	− 4	6
3	− 25	4	45	8
8	− 4	5	− 38	9
6	32	8	7	4

1회 2회

차근차근 주판으로 해 보세요.

1	84 × 4 =	21	153 ÷ 9 =
2	75 × 6 =	22	294 ÷ 6 =
3	90 × 8 =	23	656 ÷ 8 =
4	21 × 2 =	24	245 ÷ 7 =
5	63 × 5 =	25	256 ÷ 4 =
6	36 × 7 =	26	360 ÷ 5 =
7	12 × 9 =	27	30 ÷ 2 =
8	95 × 3 =	28	108 ÷ 3 =
9	74 × 8 =	29	801 ÷ 9 =
10	39 × 6 =	30	434 ÷ 7 =
11	20 × 4 =	31	470 ÷ 5 =
12	45 × 2 =	32	111 ÷ 3 =
13	76 × 9 =	33	464 ÷ 8 =
14	18 × 7 =	34	78 ÷ 6 =
15	81 × 5 =	35	280 ÷ 4 =
16	67 × 3 =	36	108 ÷ 2 =
17	54 × 4 =	37	602 ÷ 7 =
18	29 × 8 =	38	455 ÷ 5 =
19	69 × 5 =	39	168 ÷ 6 =
20	71 × 9 =	40	288 ÷ 4 =

1회 2회

차근차근 주판으로 해 보세요.

1	47 × 4 =	21	130 ÷ 5 =
2	35 × 6 =	22	148 ÷ 4 =
3	61 × 8 =	23	270 ÷ 6 =
4	98 × 2 =	24	182 ÷ 2 =
5	59 × 5 =	25	336 ÷ 8 =
6	68 × 7 =	26	52 ÷ 4 =
7	32 × 9 =	27	408 ÷ 6 =
8	71 × 3 =	28	711 ÷ 9 =
9	47 × 8 =	29	72 ÷ 3 =
10	23 × 6 =	30	441 ÷ 7 =
11	86 × 4 =	31	405 ÷ 5 =
12	39 × 2 =	32	225 ÷ 3 =
13	27 × 9 =	33	387 ÷ 9 =
14	64 × 7 =	34	128 ÷ 2 =
15	15 × 5 =	35	576 ÷ 8 =
16	81 × 3 =	36	306 ÷ 6 =
17	54 × 4 =	37	392 ÷ 4 =
18	67 × 6 =	38	280 ÷ 5 =
19	29 × 7 =	39	246 ÷ 3 =
20	62 × 9 =	40	658 ÷ 7 =

1회 2회

머릿속에 주판을 그리며 풀어 보세요.

1	2
$98 + 28 = \square\square\square$	$73 + 46 = \square\square\square$

3	4
$61 - 24 = \square\square$	$52 - 12 = \square\square$

5	6
$40 \times 9 = \square\square\square$	$19 \times 5 = \square\square$

7	8
$68 \div 4$	$413 \div 7$

9	$74 \times 2 =$
10	$51 \times 4 =$
11	$38 \times 6 =$
12	$60 \times 8 =$
13	$92 \times 3 =$
14	$63 \times 5 =$
15	$40 \times 7 =$
16	$27 \times 9 =$
17	$59 \times 4 =$
18	$81 \times 6 =$
19	$784 \div 8 =$
20	$378 \div 9 =$
21	$438 \div 6 =$
22	$112 \div 4 =$
23	$244 \div 4 =$
24	$595 \div 7 =$
25	$104 \div 2 =$
26	$340 \div 5 =$
27	$360 \div 9 =$
28	$261 \div 3 =$

1회 2회

머릿속에 주판을 그리며 풀어 보세요.

1	2
48 + 68 = □□□	57 + 72 = □□□

3	4
45 − 29 = □□	81 − 47 = □□

5	6
56 × 5 = □□□	24 × 9 = □□□

7	8
6)156 = □□	3)252 = □□

9	64 × 4 =
10	78 × 6 =
11	13 × 8 =
12	96 × 2 =
13	54 × 3 =
14	41 × 5 =
15	28 × 7 =
16	53 × 9 =
17	76 × 4 =
18	97 × 6 =
19	95 ÷ 5 =
20	108 ÷ 2 =
21	588 ÷ 7 =
22	228 ÷ 6 =
23	216 ÷ 3 =
24	232 ÷ 8 =
25	126 ÷ 2 =
26	24 ÷ 2 =
27	522 ÷ 9 =
28	285 ÷ 3 =

1회 2회

차근차근 주판으로 해 보세요.

1	2	3	4	5
4	2	86	9	7
62	3	− 8	5	96
− 3	6	37	7	− 18
− 46	8	− 45	8	5
78	7	9	2	− 49

6	7	8	9	10
5	64	2	6	9
9	− 7	9	28	8
1	42	8	− 9	6
8	− 9	6	− 12	7
4	98	7	74	5

11	12	13	14	15
7	6	89	2	8
43	9	− 4	8	54
− 5	4	38	4	− 16
− 26	1	2	9	89
79	8	− 43	6	− 7

1회	2회

차근차근 주판으로 해 보세요.

1	2	3	4	5
3	62	5	8	7
9	− 5	7	74	6
2	27	3	− 26	3
5	− 9	4	87	8
7	38	1	− 5	2

6	7	8	9	10
9	2	75	8	6
83	5	47	4	97
− 1	7	− 6	5	− 15
52	6	8	7	42
− 35	8	− 64	1	− 7

11	12	13	14	15
5	67	6	2	6
9	− 8	3	74	3
7	26	2	− 6	2
8	− 3	4	− 43	8
6	32	8	19	5

1회 2회

차근차근 주판으로 해 보세요.

1	98 × 5 =	21	384 ÷ 6 =
2	63 × 7 =	22	776 ÷ 8 =
3	70 × 9 =	23	172 ÷ 2 =
4	73 × 3 =	24	124 ÷ 4 =
5	68 × 4 =	25	294 ÷ 7 =
6	94 × 6 =	26	270 ÷ 9 =
7	21 × 8 =	27	189 ÷ 3 =
8	40 × 2 =	28	125 ÷ 5 =
9	13 × 9 =	29	632 ÷ 8 =
10	87 × 7 =	30	68 ÷ 4 =
11	52 × 5 =	31	156 ÷ 2 =
12	69 × 3 =	32	336 ÷ 6 =
13	96 × 8 =	33	765 ÷ 9 =
14	25 × 6 =	34	54 ÷ 3 =
15	78 × 4 =	35	490 ÷ 7 =
16	31 × 2 =	36	245 ÷ 7 =
17	28 × 7 =	37	189 ÷ 3 =
18	91 × 9 =	38	118 ÷ 2 =
19	65 × 8 =	39	738 ÷ 9 =
20	30 × 6 =	40	136 ÷ 8 =

1회	2회

13일차

차근차근 주판으로 해 보세요.

1	92 × 8 =	21	378 ÷ 9 =
2	74 × 2 =	22	68 ÷ 4 =
3	86 × 9 =	23	413 ÷ 7 =
4	53 × 3 =	24	340 ÷ 5 =
5	64 × 4 =	25	261 ÷ 3 =
6	62 × 7 =	26	108 ÷ 2 =
7	27 × 9 =	27	228 ÷ 6 =
8	19 × 5 =	28	232 ÷ 8 =
9	82 × 3 =	29	24 ÷ 2 =
10	98 × 4 =	30	285 ÷ 3 =
11	16 × 6 =	31	747 ÷ 9 =
12	37 × 2 =	32	518 ÷ 7 =
13	54 × 8 =	33	390 ÷ 6 =
14	12 × 7 =	34	230 ÷ 5 =
15	40 × 5 =	35	156 ÷ 4 =
16	38 × 9 =	36	243 ÷ 9 =
17	59 × 3 =	37	36 ÷ 2 =
18	76 × 4 =	38	184 ÷ 8 =
19	23 × 5 =	39	50 ÷ 5 =
20	51 × 7 =	40	414 ÷ 6 =

1회 | 2회

머릿속에 주판을 그리며 풀어 보세요.

1	2
$67 + 37 = \square\square\square$	$58 + 49 = \square\square\square$

3	4
$24 - 12 = \square\square$	$65 - 38 = \square\square$

5	6
$40 \times 4 = \square\square\square$	$19 \times 6 = \square\square\square$

7	8
$5\overline{)295}$	$7\overline{)112}$

9	15 × 5 =
10	76 × 7 =
11	37 × 9 =
12	83 × 3 =
13	28 × 6 =
14	71 × 4 =
15	65 × 8 =
16	24 × 2 =
17	58 × 9 =
18	67 × 7 =
19	140 ÷ 5 =
20	69 ÷ 3 =
21	469 ÷ 7 =
22	112 ÷ 8 =
23	553 ÷ 7 =
24	210 ÷ 3 =
25	340 ÷ 4 =
26	207 ÷ 9 =
27	396 ÷ 6 =
28	306 ÷ 6 =

1회 2회

머릿속에 주판을 그리며 풀어 보세요.

1

$$\begin{array}{r} 27 \\ +\ 76 \\ \hline \square\square\square \end{array}$$

2

$$\begin{array}{r} 58 \\ +\ 27 \\ \hline \square\square \end{array}$$

3

$$\begin{array}{r} 64 \\ -\ 34 \\ \hline \square\square \end{array}$$

4

$$\begin{array}{r} 22 \\ -\ 19 \\ \hline \square \end{array}$$

5

$$\begin{array}{r} 84 \\ \times\ \ 8 \\ \hline \square\square\square \end{array}$$

6

$$\begin{array}{r} 93 \\ \times\ \ 6 \\ \hline \square\square\square \end{array}$$

7

$5\overline{)95}$

8

$4\overline{)260}$

9	17 × 2 =
10	43 × 7 =
11	57 × 3 =
12	65 × 5 =
13	32 × 6 =
14	29 × 8 =
15	12 × 9 =
16	64 × 4 =
17	58 × 7 =
18	27 × 6 =
19	275 ÷ 5 =
20	189 ÷ 3 =
21	238 ÷ 7 =
22	195 ÷ 5 =
23	292 ÷ 4 =
24	40 ÷ 2 =
25	228 ÷ 3 =
26	270 ÷ 6 =
27	468 ÷ 9 =
28	77 ÷ 7 =

1회 2회

14일차

차근차근 주판으로 해 보세요.

1	2	3	4	5
4	9	68	2	5
91	−3	5	6	54
9	8	24	−4	43
23	−5	6	7	68
8	4	72	−3	7

6	7	8	9	10
6	8	7	75	4
8	29	−4	3	7
−9	2	−3	44	9
−2	60	5	7	−2
7	91	2	32	−6

11	12	13	14	15
73	8	9	8	64
7	6	21	−2	9
25	−9	4	4	26
6	−4	52	9	5
69	2	38	−6	47

1회 2회

차근차근 주판으로 해 보세요.

1	2	3	4	5
8	4	2	53	5
2	89	4	-17	7
4	-16	9	5	3
1	-5	6	96	8
6	87	5	-9	2

6	7	8	9	10
5	3	92	6	9
81	4	-4	3	58
-3	7	23	9	-34
-24	2	-76	2	-7
47	6	7	8	75

11	12	13	14	15
2	74	3	7	9
6	-5	9	31	3
4	28	4	-29	8
7	-3	8	45	4
1	29	1	-9	2

1회 2회

차근차근 주판으로 해 보세요.

1	71 × 8 =	21	784 ÷ 8 =
2	68 × 6 =	22	438 ÷ 6 =
3	95 × 4 =	23	244 ÷ 4 =
4	27 × 2 =	24	104 ÷ 2 =
5	43 × 3 =	25	360 ÷ 9 =
6	18 × 7 =	26	95 ÷ 5 =
7	72 × 5 =	27	588 ÷ 7 =
8	59 × 9 =	28	216 ÷ 3 =
9	86 × 4 =	29	126 ÷ 2 =
10	80 × 8 =	30	522 ÷ 9 =
11	89 × 6 =	31	776 ÷ 8 =
12	17 × 8 =	32	434 ÷ 7 =
13	52 × 4 =	33	150 ÷ 3 =
14	64 × 2 =	34	246 ÷ 6 =
15	35 × 7 =	35	185 ÷ 5 =
16	68 × 5 =	36	344 ÷ 4 =
17	47 × 9 =	37	102 ÷ 2 =
18	29 × 3 =	38	343 ÷ 7 =
19	31 × 4 =	39	150 ÷ 5 =
20	13 × 6 =	40	207 ÷ 9 =

1회	2회

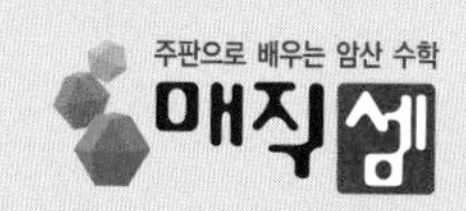

차근차근 주판으로 해 보세요.

1	24 × 3 =	21	296 ÷ 8 =
2	38 × 5 =	22	104 ÷ 2 =
3	83 × 7 =	23	56 ÷ 4 =
4	54 × 9 =	24	540 ÷ 6 =
5	21 × 2 =	25	612 ÷ 9 =
6	79 × 4 =	26	153 ÷ 3 =
7	60 × 6 =	27	294 ÷ 7 =
8	17 × 8 =	28	335 ÷ 5 =
9	54 × 9 =	29	392 ÷ 4 =
10	29 × 7 =	30	252 ÷ 7 =
11	36 × 5 =	31	144 ÷ 8 =
12	63 × 3 =	32	216 ÷ 3 =
13	80 × 8 =	33	175 ÷ 5 =
14	92 × 6 =	34	196 ÷ 4 =
15	45 × 4 =	35	384 ÷ 6 =
16	87 × 2 =	36	62 ÷ 2 =
17	73 × 7 =	37	504 ÷ 9 =
18	46 × 8 =	38	696 ÷ 8 =
19	18 × 3 =	39	203 ÷ 7 =
20	92 × 6 =	40	328 ÷ 4 =

1회	2회	

머릿속에 주판을 그리며 풀어 보세요.

1.
$$\begin{array}{r} 96 \\ +\ 27 \\ \hline \square\square\square \end{array}$$

2.
$$\begin{array}{r} 82 \\ +\ 13 \\ \hline \square\square \end{array}$$

3.
$$\begin{array}{r} 79 \\ -\ 28 \\ \hline \square\square \end{array}$$

4.
$$\begin{array}{r} 18 \\ -\ 16 \\ \hline \square \end{array}$$

5.
$$\begin{array}{r} 51 \\ \times\ \ 4 \\ \hline \square\square\square \end{array}$$

6.
$$\begin{array}{r} 36 \\ \times\ \ 2 \\ \hline \square\square \end{array}$$

7. $5\overline{)65}$

8. $4\overline{)84}$

9	15 × 3 =
10	63 × 5 =
11	24 × 7 =
12	42 × 9 =
13	52 × 2 =
14	36 × 4 =
15	18 × 6 =
16	79 × 8 =
17	82 × 3 =
18	96 × 7 =
19	105 ÷ 5 =
20	248 ÷ 8 =
21	189 ÷ 7 =
22	168 ÷ 3 =
23	384 ÷ 8 =
24	783 ÷ 9 =
25	116 ÷ 4 =
26	118 ÷ 2 =
27	492 ÷ 6 =
28	52 ÷ 4 =

1회 2회

머릿속에 주판을 그리며 풀어 보세요.

1

$$\begin{array}{r} 83 \\ +\ 34 \\ \hline \square\square\square \end{array}$$

2

$$\begin{array}{r} 44 \\ +\ 45 \\ \hline \square\square \end{array}$$

3

$$\begin{array}{r} \square\square \\ 62 \\ -\ 36 \\ \hline \square\square \end{array}$$

4

$$\begin{array}{r} 74 \\ -\ 22 \\ \hline \square\square \end{array}$$

5

$$\begin{array}{r} 20 \\ \times\ \ 9 \\ \hline \square\square\square \end{array}$$

6

$$\begin{array}{r} \square\ \ \\ 13 \\ \times\ \ 8 \\ \hline \square\square\square \end{array}$$

7

$$\begin{array}{r} \square\square \\ 7\overline{)602} \\ \square\square\ \\ \hline \square 2 \\ \square\square \\ \hline \square \end{array}$$

8

$$\begin{array}{r} \square\square \\ 2\overline{)106} \\ \square\square\ \\ \hline 6 \\ \square \\ \hline \square \end{array}$$

9	45 × 8 =
10	16 × 4 =
11	97 × 2 =
12	82 × 6 =
13	43 × 9 =
14	61 × 5 =
15	42 × 7 =
16	37 × 3 =
17	98 × 4 =
18	53 × 8 =
19	75 ÷ 3 =
20	424 ÷ 8 =
21	196 ÷ 4 =
22	552 ÷ 6 =
23	350 ÷ 5 =
24	64 ÷ 4 =
25	104 ÷ 8 =
26	666 ÷ 9 =
27	873 ÷ 9 =
28	640 ÷ 8 =

1회 2회

차근차근 주판으로 해 보세요.

1	2	3	4	5
4 82 − 3 − 26 91	2 6 8 7 9	86 − 8 57 − 9 35	5 9 7 8 6	7 39 − 8 − 24 5

6	7	8	9	10
4 8 6 7 5	86 − 7 35 − 2 49	5 4 2 8 3	9 83 − 46 57 − 8	3 4 5 7 2

11	12	13	14	15
9 75 − 7 46 − 13	7 6 3 8 1	63 − 8 81 − 4 35	3 6 1 8 4	42 − 4 63 8 − 25

1회	2회	

덧셈 뺄셈

15일차

차근차근 주판으로 해 보세요.

1	2	3	4	5
3	7	2	68	5
7	32	7	− 4	6
9	− 5	5	26	7
1	76	1	− 5	2
2	− 61	6	87	9

6	7	8	9	10
7	8	65	6	4
4	− 5	3	− 2	23
2	3	74	4	85
28	4	42	− 3	8
75	− 2	6	8	97

11	12	13	14	15
9	8	6	57	5
3	89	7	− 3	4
2	− 2	2	25	6
1	− 31	9	54	8
6	74	1	− 6	3

1회 2회

차근차근 주판으로 해 보세요.

1	53 × 5 =	21	204 ÷ 6 =
2	67 × 7 =	22	612 ÷ 9 =
3	28 × 3 =	23	600 ÷ 8 =
4	92 × 9 =	24	52 ÷ 2 =
5	76 × 4 =	25	658 ÷ 7 =
6	35 × 6 =	26	65 ÷ 5 =
7	14 × 8 =	27	63 ÷ 3 =
8	52 × 2 =	28	384 ÷ 4 =
9	64 × 9 =	29	342 ÷ 9 =
10	78 × 7 =	30	360 ÷ 8 =
11	39 × 5 =	31	432 ÷ 6 =
12	18 × 3 =	32	343 ÷ 7 =
13	37 × 8 =	33	108 ÷ 3 =
14	46 × 6 =	34	34 ÷ 2 =
15	25 × 4 =	35	400 ÷ 5 =
16	71 × 2 =	36	388 ÷ 4 =
17	92 × 9 =	37	384 ÷ 8 =
18	38 × 8 =	38	32 ÷ 2 =
19	46 × 7 =	39	207 ÷ 9 =
20	54 × 5 =	40	180 ÷ 3 =

1회 2회

차근차근 주판으로 해 보세요.

1	37 × 5 =	21	378 ÷ 9 =
2	42 × 7 =	22	68 ÷ 4 =
3	14 × 9 =	23	413 ÷ 7 =
4	67 × 3 =	24	340 ÷ 5 =
5	38 × 6 =	25	261 ÷ 3 =
6	15 × 8 =	26	108 ÷ 2 =
7	20 × 4 =	27	228 ÷ 6 =
8	93 × 2 =	28	232 ÷ 8 =
9	56 × 9 =	29	24 ÷ 2 =
10	27 × 4 =	30	285 ÷ 3 =
11	41 × 8 =	31	747 ÷ 9 =
12	98 × 5 =	32	518 ÷ 7 =
13	37 × 7 =	33	390 ÷ 6 =
14	94 × 2 =	34	230 ÷ 5 =
15	12 × 6 =	35	156 ÷ 4 =
16	65 × 4 =	36	243 ÷ 9 =
17	87 × 9 =	37	36 ÷ 2 =
18	13 × 3 =	38	184 ÷ 8 =
19	85 × 8 =	39	50 ÷ 5 =
20	64 × 2 =	40	414 ÷ 6 =

1회 2회

머릿속에 주판을 그리며 풀어 보세요.

1	2
$\begin{array}{r} 87 \\ +\ 24 \\ \hline \square\square\square \end{array}$	$\begin{array}{r} 26 \\ +\ 37 \\ \hline \square\square \end{array}$

3	4
$\begin{array}{r} 31 \\ -\ 16 \\ \hline \square\square \end{array}$	$\begin{array}{r} 94 \\ -\ 24 \\ \hline \square\square \end{array}$

5	6
$\begin{array}{r} 13 \\ \times\ \ 2 \\ \hline \square\square \end{array}$	$\begin{array}{r} 52 \\ \times\ \ 8 \\ \hline \square\square\square \end{array}$

7	8
$6 \overline{)102}$	$3 \overline{)114}$

9	39 × 9 =
10	86 × 3 =
11	70 × 5 =
12	49 × 7 =
13	91 × 8 =
14	67 × 2 =
15	95 × 4 =
16	31 × 6 =
17	26 × 7 =
18	87 × 4 =
19	70 ÷ 5 =
20	525 ÷ 7 =
21	582 ÷ 6 =
22	752 ÷ 8 =
23	468 ÷ 9 =
24	213 ÷ 3 =
25	476 ÷ 7 =
26	864 ÷ 9 =
27	516 ÷ 6 =
28	40 ÷ 2 =

1회 2회

나눗셈 해답

7단계

1일차

22 쪽 덧셈・뺄셈

①	②	③	④	⑤	⑥	⑦	⑧	⑨	⑩
25	13	22	9	26	15	13	31	7	25
⑪	⑫	⑬	⑭	⑮					
29	8	33	7	25					

23 쪽 덧셈・뺄셈

①	②	③	④	⑤	⑥	⑦	⑧	⑨	⑩
23	2	30	15	32	34	14	23	8	28
⑪	⑫	⑬	⑭	⑮					
20	5	32	9	21					

24 쪽 곱셈・나눗셈

①	②	③	④	⑤	⑥	⑦	⑧	⑨	⑩
392	426	504	42	350	490	378	216	26	196
⑪	⑫	⑬	⑭	⑮	⑯	⑰	⑱	⑲	⑳
558	696	123	140	315	117	344	238	81	468
㉑	㉒	㉓	㉔	㉕	㉖	㉗	㉘	㉙	㉚
46	18	56	24	95	31	79	42	30	23
㉛	㉜	㉝	㉞	㉟	㊱	㊲	㊳	㊴	㊵
91	68	96	57	72	29	68	39	73	50

25 쪽 곱셈・나눗셈

①	②	③	④	⑤	⑥	⑦	⑧	⑨	⑩
129	405	140	513	128	468	244	256	42	265
⑪	⑫	⑬	⑭	⑮	⑯	⑰	⑱	⑲	⑳
560	864	108	108	588	480	609	130	294	68
㉑	㉒	㉓	㉔	㉕	㉖	㉗	㉘	㉙	㉚
12	76	95	32	90	54	73	18	56	13
㉛	㉜	㉝	㉞	㉟	㊱	㊲	㊳	㊴	㊵
97	14	89	43	62	78	32	51	92	87

26 쪽 필산・암산

①	②	③	④	⑤	⑥	⑦	⑧		
57	89	33	12	2/188	1/130	1/2/0	1/3/0		
⑨	⑩	⑪	⑫	⑬	⑭	⑮	⑯	⑰	⑱
532	432	496	270	324	291	65	112	564	415
⑲	⑳	㉑	㉒	㉓	㉔	㉕	㉖	㉗	㉘
1	1	1	1	1	1	1	1	2	2

27 쪽 필산・암산

①	②	③	④	⑤	⑥	⑦	⑧		
49	98	31	12	129	1/72	3/9/0	2/8/0		
⑨	⑩	⑪	⑫	⑬	⑭	⑮	⑯	⑰	⑱
119	190	162	234	504	536	208	186	195	36
⑲	⑳	㉑	㉒	㉓	㉔	㉕	㉖	㉗	㉘
2	2	2	2	2	2	3	3	3	3

2일차

28 쪽 덧셈・뺄셈

①	②	③	④	⑤	⑥	⑦	⑧	⑨	⑩
22	5	32	14	33	25	5	28	16	31
⑪	⑫	⑬	⑭	⑮					
30	6	27	16	31					

29 쪽 덧셈・뺄셈

①	②	③	④	⑤	⑥	⑦	⑧	⑨	⑩
32	18	20	5	29	30	11	33	14	34
⑪	⑫	⑬	⑭	⑮					
24	9	30	13	29					

30 쪽 곱셈・나눗셈

①	②	③	④	⑤	⑥	⑦	⑧	⑨	⑩
115	261	448	324	294	324	600	182	195	420
⑪	⑫	⑬	⑭	⑮	⑯	⑰	⑱	⑲	⑳
189	387	100	368	516	456	434	70	240	624
㉑	㉒	㉓	㉔	㉕	㉖	㉗	㉘	㉙	㉚
42	17	56	73	97	13	29	53	80	96
㉛	㉜	㉝	㉞	㉟	㊱	㊲	㊳	㊴	㊵
23	64	27	98	51	85	49	30	73	19

31 쪽 곱셈・나눗셈

①	②	③	④	⑤	⑥	⑦	⑧	⑨	⑩
322	260	801	216	258	240	784	70	123	432
⑪	⑫	⑬	⑭	⑮	⑯	⑰	⑱	⑲	⑳
32	783	200	536	70	84	504	736	111	135
㉑	㉒	㉓	㉔	㉕	㉖	㉗	㉘	㉙	㉚
68	96	82	73	58	97	16	24	75	19
㉛	㉜	㉝	㉞	㉟	㊱	㊲	㊳	㊴	㊵
30	84	63	86	59	40	28	12	59	57

32 쪽 필산・암산

①	②	③	④	⑤	⑥	⑦	⑧		
79	99	51	55	3/112	200	4/8/0	2/6/0		
⑨	⑩	⑪	⑫	⑬	⑭	⑮	⑯	⑰	⑱
105	185	69	549	522	236	56	336	672	212
⑲	⑳	㉑	㉒	㉓	㉔	㉕	㉖	㉗	㉘
3	3	3	3	4	4	4	4	4	4

33 쪽 필산・암산

①	②	③	④	⑤	⑥	⑦	⑧		
99	98	42	51	2/161	2/120	5/10/0	5/30/0		
⑨	⑩	⑪	⑫	⑬	⑭	⑮	⑯	⑰	⑱
441	729	270	204	552	592	124	108	609	488
⑲	⑳	㉑	㉒	㉓	㉔	㉕	㉖	㉗	㉘
4	4	5	5	5	5	5	5	5	5

3일차

34 쪽 덧셈・뺄셈

①	②	③	④	⑤	⑥	⑦	⑧	⑨	⑩
29	17	24	1	28	21	2	25	8	31
⑪	⑫	⑬	⑭	⑮					
23	8	22	9	32					

35 쪽 덧셈・뺄셈

①	②	③	④	⑤	⑥	⑦	⑧	⑨	⑩
25	14	32	13	30	20	5	30	10	26
⑪	⑫	⑬	⑭	⑮					
22	6	33	5	34					

36 쪽 곱셈・나눗셈

①	②	③	④	⑤	⑥	⑦	⑧	⑨	⑩
828	259	75	204	656	414	292	116	291	80
⑪	⑫	⑬	⑭	⑮	⑯	⑰	⑱	⑲	⑳
168	675	38	152	276	504	177	280	150	324
㉑	㉒	㉓	㉔	㉕	㉖	㉗	㉘	㉙	㉚
46	53	75	29	30	93	69	57	48	36
㉛	㉜	㉝	㉞	㉟	㊱	㊲	㊳	㊴	㊵
85	94	56	43	72	87	60	54	73	52

37 쪽 곱셈・나눗셈

①	②	③	④	⑤	⑥	⑦	⑧	⑨	⑩
185	273	84	450	210	276	328	68	216	225
⑪	⑫	⑬	⑭	⑮	⑯	⑰	⑱	⑲	⑳
161	549	34	360	228	768	216	348	280	234
㉑	㉒	㉓	㉔	㉕	㉖	㉗	㉘	㉙	㉚
16	48	69	27	28	14	98	70	57	24
㉛	㉜	㉝	㉞	㉟	㊱	㊲	㊳	㊴	㊵
69	80	98	23	67	91	32	45	74	68

38 쪽 필산・암산

①	②	③	④	⑤	⑥	⑦	⑧		
59	79	50	50	2/260	5/776	6/36/0	6/54/0		
⑨	⑩	⑪	⑫	⑬	⑭	⑮	⑯	⑰	⑱
216	96	720	56	75	224	846	234	168	504
⑲	⑳	㉑	㉒	㉓	㉔	㉕	㉖	㉗	㉘
6	6	6	6	6	6	6	6	7	7

39 쪽 필산 · 암산

①	②	③	④	⑤	⑥	⑦	⑧		
1/93	1/61	5/10/47	6/10/49	1/65	1/54	7/28/0	7/49/0		
⑨	⑩	⑪	⑫	⑬	⑭	⑮	⑯	⑰	⑱
355	294	350	306	248	288	520	118	130	792
⑲	⑳	㉑	㉒	㉓	㉔	㉕	㉖	㉗	㉘
7	7	7	7	7	7	8	8	8	8

4일차

40 쪽 덧셈 · 뺄셈

①	②	③	④	⑤	⑥	⑦	⑧	⑨	⑩
22	15	31	3	30	23	6	34	8	31
⑪	⑫	⑬	⑭	⑮					
34	18	23	6	29					

41 쪽 덧셈 · 뺄셈

①	②	③	④	⑤	⑥	⑦	⑧	⑨	⑩
25	12	28	9	35	30	9	24	12	26
⑪	⑫	⑬	⑭	⑮					
21	7	20	5	28					

42 쪽 곱셈 · 나눗셈

①	②	③	④	⑤	⑥	⑦	⑧	⑨	⑩
177	126	288	30	540	406	158	128	324	552
⑪	⑫	⑬	⑭	⑮	⑯	⑰	⑱	⑲	⑳
249	325	504	153	258	285	350	380	384	126
㉑	㉒	㉓	㉔	㉕	㉖	㉗	㉘	㉙	㉚
82	27	19	86	60	59	87	68	35	84
㉛	㉜	㉝	㉞	㉟	㊱	㊲	㊳	㊴	㊵
42	68	36	97	13	20	49	27	43	15

43 쪽 곱셈 · 나눗셈

①	②	③	④	⑤	⑥	⑦	⑧	⑨	⑩
288	609	230	201	280	546	172	52	195	120
⑪	⑫	⑬	⑭	⑮	⑯	⑰	⑱	⑲	⑳
595	864	164	260	204	136	225	456	312	135
㉑	㉒	㉓	㉔	㉕	㉖	㉗	㉘	㉙	㉚
28	39	73	85	16	27	15	86	27	40
㉛	㉜	㉝	㉞	㉟	㊱	㊲	㊳	㊴	㊵
54	31	69	73	82	80	49	86	29	72

44 쪽 필산 · 암산

①	②	③	④	⑤	⑥	⑦	⑧		
1/65	1/111	3/10/29	6/10/27	2/224	168	9/81/0	9/36/0		
⑨	⑩	⑪	⑫	⑬	⑭	⑮	⑯	⑰	⑱
864	98	285	279	80	432	60	74	182	215
⑲	⑳	㉑	㉒	㉓	㉔	㉕	㉖	㉗	㉘
8	8	8	8	9	9	9	9	8	8

45 쪽 필산 · 암산

①	②	③	④	⑤	⑥	⑦	⑧		
1/84	1/145	3/10/18	6/10/55	204	180	9/54/0	8/72/0		
⑨	⑩	⑪	⑫	⑬	⑭	⑮	⑯	⑰	⑱
84	72	216	632	198	435	343	207	228	574
⑲	⑳	㉑	㉒	㉓	㉔	㉕	㉖	㉗	㉘
8	8	9	9	9	9	8	8	9	7

5일차

46 쪽 덧셈 · 뺄셈

①	②	③	④	⑤	⑥	⑦	⑧	⑨	⑩
30	12	20	5	21	33	7	27	17	29
⑪	⑫	⑬	⑭	⑮					
35	10	26	2	20					

47 쪽 덧셈 · 뺄셈

①	②	③	④	⑤	⑥	⑦	⑧	⑨	⑩
24	7	31	4	27	29	10	23	5	27
⑪	⑫	⑬	⑭	⑮					
25	11	29	6	31					

48 쪽 곱셈 · 나눗셈

①	②	③	④	⑤	⑥	⑦	⑧	⑨	⑩
168	368	360	116	175	549	78	170	190	288
⑪	⑫	⑬	⑭	⑮	⑯	⑰	⑱	⑲	⑳
432	384	192	390	245	171	46	336	72	376
㉑	㉒	㉓	㉔	㉕	㉖	㉗	㉘	㉙	㉚
91	42	65	64	87	72	43	68	15	47
㉛	㉜	㉝	㉞	㉟	㊱	㊲	㊳	㊴	㊵
50	38	21	46	54	13	71	97	34	98

49 쪽 곱셈 · 나눗셈

①	②	③	④	⑤	⑥	⑦	⑧	⑨	⑩
574	126	480	171	180	384	268	104	117	630
⑪	⑫	⑬	⑭	⑮	⑯	⑰	⑱	⑲	⑳
340	276	592	210	60	194	567	315	144	248
㉑	㉒	㉓	㉔	㉕	㉖	㉗	㉘	㉙	㉚
45	83	91	70	17	38	54	62	90	42
㉛	㉜	㉝	㉞	㉟	㊱	㊲	㊳	㊴	㊵
36	18	79	51	35	47	29	80	69	31

50 쪽 필산 · 암산

①	②	③	④	⑤	⑥	⑦	⑧		
1/101	63	61	8/10/63	2/300	7/392	6/12/0	9/63/0		
⑨	⑩	⑪	⑫	⑬	⑭	⑮	⑯	⑰	⑱
182	294	65	544	711	72	252	162	600	301
⑲	⑳	㉑	㉒	㉓	㉔	㉕	㉖	㉗	㉘
31	53	79	97	36	75	19	42	84	68

51 쪽 필산 · 암산

①	②	③	④	⑤	⑥	⑦	⑧		
126	1/121	13	32	1/336	3/96	4/12/0	9/72/0		
⑨	⑩	⑪	⑫	⑬	⑭	⑮	⑯	⑰	⑱
36	630	105	504	236	574	102	234	185	180
⑲	⑳	㉑	㉒	㉓	㉔	㉕	㉖	㉗	㉘
59	37	48	74	16	49	60	87	35	64

6일차

52 쪽 덧셈 · 뺄셈

①	②	③	④	⑤	⑥	⑦	⑧	⑨	⑩
32	4	39	9	35	37	6	37	14	33
⑪	⑫	⑬	⑭	⑮					
31	12	31	10	38					

53 쪽 덧셈 · 뺄셈

①	②	③	④	⑤	⑥	⑦	⑧	⑨	⑩
40	12	37	22	37	32	15	35	17	40
⑪	⑫	⑬	⑭	⑮					
37	17	33	14	40					

54 쪽 곱셈 · 나눗셈

①	②	③	④	⑤	⑥	⑦	⑧	⑨	⑩
234	150	276	246	392	675	166	320	177	380
⑪	⑫	⑬	⑭	⑮	⑯	⑰	⑱	⑲	⑳
126	216	182	280	312	520	252	504	372	360
㉑	㉒	㉓	㉔	㉕	㉖	㉗	㉘	㉙	㉚
12	40	38	59	15	68	74	98	27	35
㉛	㉜	㉝	㉞	㉟	㊱	㊲	㊳	㊴	㊵
41	76	14	30	71	93	84	65	23	59

55 쪽 곱셈 · 나눗셈

①	②	③	④	⑤	⑥	⑦	⑧	⑨	⑩
256	76	174	456	144	105	420	657	116	60
⑪	⑫	⑬	⑭	⑮	⑯	⑰	⑱	⑲	⑳
576	192	60	325	287	711	360	288	102	312
㉑	㉒	㉓	㉔	㉕	㉖	㉗	㉘	㉙	㉚
21	88	40	24	95	76	36	28	39	17
㉛	㉜	㉝	㉞	㉟	㊱	㊲	㊳	㊴	㊵
46	71	98	54	35	72	89	60	51	32

56 쪽 필산 · 암산

①	②	③	④	⑤	⑥	⑦	⑧		
1/105	77	21	23	3/216	2/57	5/15/0	8/64/0		
⑨	⑩	⑪	⑫	⑬	⑭	⑮	⑯	⑰	⑱
279	294	150	189	200	474	68	156	392	340
⑲	⑳	㉑	㉒	㉓	㉔	㉕	㉖	㉗	㉘
37	24	62	51	94	83	71	69	68	78

57 쪽 필산 · 암산

①	②	③	④	⑤	⑥	⑦	⑧		
153	1/102	74	7/10/58	7/162	3/390	6/12/0	4/20/0		
⑨	⑩	⑪	⑫	⑬	⑭	⑮	⑯	⑰	⑱
108	48	240	304	177	380	161	459	256	776
⑲	⑳	㉑	㉒	㉓	㉔	㉕	㉖	㉗	㉘
95	23	27	96	18	43	14	87	72	59

7일차

58 쪽 덧셈 · 뺄셈

①	②	③	④	⑤	⑥	⑦	⑧	⑨	⑩
35	15	35	12	33	32	13	39	8	35
⑪	⑫	⑬	⑭	⑮					
35	15	38	14	34					

59 쪽 덧셈 · 뺄셈

①	②	③	④	⑤	⑥	⑦	⑧	⑨	⑩
39	22	31	2	39	42	13	33	5	33
⑪	⑫	⑬	⑭	⑮					
37	19	37	11	37					

60 쪽 곱셈 · 나눗셈

①	②	③	④	⑤	⑥	⑦	⑧	⑨	⑩
153	288	345	210	172	752	90	128	190	160
⑪	⑫	⑬	⑭	⑮	⑯	⑰	⑱	⑲	⑳
126	584	204	410	686	675	104	301	444	87
㉑	㉒	㉓	㉔	㉕	㉖	㉗	㉘	㉙	㉚
31	92	74	86	50	68	25	71	98	81
㉛	㉜	㉝	㉞	㉟	㊱	㊲	㊳	㊴	㊵
63	75	40	38	59	76	25	14	96	87

61 쪽 곱셈 · 나눗셈

①	②	③	④	⑤	⑥	⑦	⑧	⑨	⑩
284	68	588	504	230	490	189	291	120	184
⑪	⑫	⑬	⑭	⑮	⑯	⑰	⑱	⑲	⑳
348	354	282	729	325	252	316	162	120	126
㉑	㉒	㉓	㉔	㉕	㉖	㉗	㉘	㉙	㉚
26	45	97	24	93	56	18	51	78	32
㉛	㉜	㉝	㉞	㉟	㊱	㊲	㊳	㊴	㊵
85	92	76	45	28	94	31	80	42	76

62 쪽 필산 · 암산

①	②	③	④	⑤	⑥	⑦	⑧		
1/100	119	35	4/10/19	6/224	1/192	4/16/0	5/40/0		
⑨	⑩	⑪	⑫	⑬	⑭	⑮	⑯	⑰	⑱
688	318	256	54	171	574	490	186	64	185
⑲	⑳	㉑	㉒	㉓	㉔	㉕	㉖	㉗	㉘
59	12	86	85	80	47	12	48	51	50

63 쪽 필산 · 암산

①	②	③	④	⑤	⑥	⑦	⑧		
88	104	8/10/69	4/10/39	2/294	5/474	6/18/0	4/28/0		
⑨	⑩	⑪	⑫	⑬	⑭	⑮	⑯	⑰	⑱
364	320	105	612	282	232	62	52	276	518
⑲	⑳	㉑	㉒	㉓	㉔	㉕	㉖	㉗	㉘
83	39	62	76	97	13	80	74	41	92

8일차

64 쪽 덧셈 · 뺄셈

①	②	③	④	⑤	⑥	⑦	⑧	⑨	⑩
38	14	37	7	40	32	9	33	14	38
⑪	⑫	⑬	⑭	⑮					
31	16	32	8	32					

65 쪽 덧셈 · 뺄셈

①	②	③	④	⑤	⑥	⑦	⑧	⑨	⑩
35	10	34	12	37	35	5	33	6	28
⑪	⑫	⑬	⑭	⑮					
37	17	37	21	40					

66 쪽 곱셈 · 나눗셈

①	②	③	④	⑤	⑥	⑦	⑧	⑨	⑩
288	405	203	486	140	192	336	104	104	630
⑪	⑫	⑬	⑭	⑮	⑯	⑰	⑱	⑲	⑳
267	344	256	504	295	28	208	76	540	208
㉑	㉒	㉓	㉔	㉕	㉖	㉗	㉘	㉙	㉚
34	98	17	93	16	58	43	75	92	35
㉛	㉜	㉝	㉞	㉟	㊱	㊲	㊳	㊴	㊵
96	72	14	40	13	49	86	25	60	47

67 쪽 곱셈 · 나눗셈

①	②	③	④	⑤	⑥	⑦	⑧	⑨	⑩
144	133	232	115	783	153	240	112	477	184
⑪	⑫	⑬	⑭	⑮	⑯	⑰	⑱	⑲	⑳
316	324	224	96	135	873	72	651	224	90
㉑	㉒	㉓	㉔	㉕	㉖	㉗	㉘	㉙	㉚
84	78	32	69	56	62	74	40	34	89
㉛	㉜	㉝	㉞	㉟	㊱	㊲	㊳	㊴	㊵
43	17	41	53	72	83	59	24	61	17

68 쪽 필산 · 암산

①	②	③	④	⑤	⑥	⑦	⑧		
1/102	1/101	81	75	7/342	4/360	9/18/0	4/24/0		
⑨	⑩	⑪	⑫	⑬	⑭	⑮	⑯	⑰	⑱
621	371	125	156	42	174	720	156	356	34
⑲	⑳	㉑	㉒	㉓	㉔	㉕	㉖	㉗	㉘
69	86	58	25	53	91	39	52	14	87

69 쪽 필산 · 암산

①	②	③	④	⑤	⑥	⑦	⑧		
1/121	1/53	17	32	2/207	1/168	3/18/0	3/27/0		
⑨	⑩	⑪	⑫	⑬	⑭	⑮	⑯	⑰	⑱
632	576	259	255	141	166	248	582	640	205
⑲	⑳	㉑	㉒	㉓	㉔	㉕	㉖	㉗	㉘
79	64	90	37	26	89	62	17	27	52

9일차

70 쪽 덧셈 · 뺄셈

①	②	③	④	⑤	⑥	⑦	⑧	⑨	⑩
30	13	34	12	35	37	14	42	12	31
⑪	⑫	⑬	⑭	⑮					
37	10	35	11	42					

71 쪽 덧셈 · 뺄셈

①	②	③	④	⑤	⑥	⑦	⑧	⑨	⑩
40	7	33	14	37	35	18	36	9	35
⑪	⑫	⑬	⑭	⑮					
41	3	35	5	30					

72 쪽 곱셈 · 나눗셈

①	②	③	④	⑤	⑥	⑦	⑧	⑨	⑩
140	203	540	414	51	768	142	190	188	164
⑪	⑫	⑬	⑭	⑮	⑯	⑰	⑱	⑲	⑳
294	432	36	340	273	648	126	192	459	126
㉑	㉒	㉓	㉔	㉕	㉖	㉗	㉘	㉙	㉚
93	56	74	59	16	29	85	60	27	36
㉛	㉜	㉝	㉞	㉟	㊱	㊲	㊳	㊴	㊵
85	23	79	40	34	82	95	70	16	73

73 쪽 곱셈 · 나눗셈

①	②	③	④	⑤	⑥	⑦	⑧	⑨	⑩
380	105	84	306	126	336	552	86	864	243

⑪	⑫	⑬	⑭	⑮	⑯	⑰	⑱	⑲	⑳
140	504	504	182	180	222	280	50	366	171
㉑	㉒	㉓	㉔	㉕	㉖	㉗	㉘	㉙	㉚
34	80	51	92	93	50	68	74	85	91
㉛	㉜	㉝	㉞	㉟	㊱	㊲	㊳	㊴	㊵
62	30	67	23	14	25	37	94	81	95

74 쪽 필산 · 암산

①	②	③	④	⑤	⑥	⑦	⑧		
1/144	82	8/10/19	41	549	164	8/16/0	9/45/0		
⑨	⑩	⑪	⑫	⑬	⑭	⑮	⑯	⑰	⑱
350	351	380	39	444	736	344	116	455	416
⑲	⑳	㉑	㉒	㉓	㉔	㉕	㉖	㉗	㉘
19	64	82	35	98	68	16	47	37	29

75 쪽 필산 · 암산

①	②	③	④	⑤	⑥	⑦	⑧		
163	139	5/10/18	54	2/104	2/425	4/24/0	4/36/0		
⑨	⑩	⑪	⑫	⑬	⑭	⑮	⑯	⑰	⑱
855	189	215	54	576	354	344	160	84	240
⑲	⑳	㉑	㉒	㉓	㉔	㉕	㉖	㉗	㉘
54	31	12	13	40	92	38	74	59	86

10일차

76 쪽 덧셈 · 뺄셈

①	②	③	④	⑤	⑥	⑦	⑧	⑨	⑩
33	12	34	16	34	40	17	35	3	34
⑪	⑫	⑬	⑭	⑮					
35	6	37	9	37					

77 쪽 덧셈 · 뺄셈

①	②	③	④	⑤	⑥	⑦	⑧	⑨	⑩
36	11	34	12	39	35	9	36	9	33
⑪	⑫	⑬	⑭	⑮					
42	18	41	7	36					

78 쪽 곱셈 · 나눗셈

①	②	③	④	⑤	⑥	⑦	⑧	⑨	⑩
427	210	111	837	114	188	112	216	159	240
⑪	⑫	⑬	⑭	⑮	⑯	⑰	⑱	⑲	⑳
161	774	90	364	372	376	267	210	460	30
㉑	㉒	㉓	㉔	㉕	㉖	㉗	㉘	㉙	㉚
86	71	30	52	19	38	46	29	86	51
㉛	㉜	㉝	㉞	㉟	㊱	㊲	㊳	㊴	㊵
38	75	94	20	91	65	37	28	39	74

79 쪽 곱셈 · 나눗셈

①	②	③	④	⑤	⑥	⑦	⑧	⑨	⑩
837	84	340	222	536	492	172	74	294	270
⑪	⑫	⑬	⑭	⑮	⑯	⑰	⑱	⑲	⑳
525	324	42	328	90	384	864	266	320	291
㉑	㉒	㉓	㉔	㉕	㉖	㉗	㉘	㉙	㉚
84	90	46	52	93	15	76	35	67	13
㉛	㉜	㉝	㉞	㉟	㊱	㊲	㊳	㊴	㊵
29	15	93	84	67	86	51	34	79	40

80 쪽 필산 · 암산

①	②	③	④	⑤	⑥	⑦	⑧		
134	177	4/10/15	56	3/192	5/864	7/14/0	5/45/0		
⑨	⑩	⑪	⑫	⑬	⑭	⑮	⑯	⑰	⑱
288	70	609	531	24	340	372	752	639	476
⑲	⑳	㉑	㉒	㉓	㉔	㉕	㉖	㉗	㉘
76	53	23	64	51	64	35	97	63	86

81 쪽 필산 · 암산

①	②	③	④	⑤	⑥	⑦	⑧		
146	1/83	6/10/55	3/10/14	7/552	106	7/42/0	8/32/0		
⑨	⑩	⑪	⑫	⑬	⑭	⑮	⑯	⑰	⑱
98	222	480	348	72	357	415	621	312	115
⑲	⑳	㉑	㉒	㉓	㉔	㉕	㉖	㉗	㉘
59	31	82	42	17	30	26	63	37	25

11일차

82 쪽 덧셈 · 뺄셈

①	②	③	④	⑤	⑥	⑦	⑧	⑨	⑩
162	8	220	10	177	4	190	17	197	10
⑪	⑫	⑬	⑭	⑮					
220	13	185	2	199					

83 쪽 덧셈 · 뺄셈

①	②	③	④	⑤	⑥	⑦	⑧	⑨	⑩
23	76	34	62	31	148	23	92	25	112
⑪	⑫	⑬	⑭	⑮					
25	55	28	124	30					

84 쪽 곱셈 · 나눗셈

①	②	③	④	⑤	⑥	⑦	⑧	⑨	⑩
196	360	696	48	153	415	483	702	184	288
⑪	⑫	⑬	⑭	⑮	⑯	⑰	⑱	⑲	⑳
84	609	118	108	425	259	576	105	124	752
㉑	㉒	㉓	㉔	㉕	㉖	㉗	㉘	㉙	㉚
52	98	37	43	27	42	61	59	35	21
㉛	㉜	㉝	㉞	㉟	㊱	㊲	㊳	㊴	㊵
16	90	46	28	93	51	27	36	23	84

85 쪽 곱셈 · 나눗셈

①	②	③	④	⑤	⑥	⑦	⑧	⑨	⑩
470	126	219	468	216	296	712	30	189	177
⑪	⑫	⑬	⑭	⑮	⑯	⑰	⑱	⑲	⑳
420	441	760	172	52	162	235	161	144	340
㉑	㉒	㉓	㉔	㉕	㉖	㉗	㉘	㉙	㉚
69	45	13	26	41	38	95	70	42	52
㉛	㉜	㉝	㉞	㉟	㊱	㊲	㊳	㊴	㊵
16	73	57	19	65	83	40	26	85	47

86 쪽 필산 · 암산

①	②	③	④	⑤	⑥	⑦	⑧		
1/142	1/76	2/10/18	4/10/18	497	810	43/36/2/27/0	97/45/3/35/0		
⑨	⑩	⑪	⑫	⑬	⑭	⑮	⑯	⑰	⑱
155	175	846	228	160	152	222	112	378	300
⑲	⑳	㉑	㉒	㉓	㉔	㉕	㉖	㉗	㉘
80	42	37	51	94	67	17	98	36	30

87 쪽 필산 · 암산

①	②	③	④	⑤	⑥	⑦	⑧		
1/90	97	5/10/32	80	728	216	80/24/0/0	52/30/1/12/0		
⑨	⑩	⑪	⑫	⑬	⑭	⑮	⑯	⑰	⑱
658	675	180	105	168	576	318	192	864	140
⑲	⑳	㉑	㉒	㉓	㉔	㉕	㉖	㉗	㉘
36	19	50	60	18	72	24	30	46	46

12일차

88 쪽 덧셈 · 뺄셈

①	②	③	④	⑤	⑥	⑦	⑧	⑨	⑩
140	14	230	3	154	9	142	12	185	14
⑪	⑫	⑬	⑭	⑮					
192	9	211	2	164					

89 쪽 덧셈 · 뺄셈

①	②	③	④	⑤	⑥	⑦	⑧	⑨	⑩
35	99	23	98	24	48	25	75	20	19
⑪	⑫	⑬	⑭	⑮					
33	64	25	102	32					

90 쪽 곱셈 · 나눗셈

①	②	③	④	⑤	⑥	⑦	⑧	⑨	⑩
336	450	720	42	315	252	108	285	592	234
⑪	⑫	⑬	⑭	⑮	⑯	⑰	⑱	⑲	⑳
80	90	684	126	405	201	216	232	345	639
㉑	㉒	㉓	㉔	㉕	㉖	㉗	㉘	㉙	㉚
17	49	82	35	64	72	15	36	89	62

31	32	33	34	35	36	37	38	39	40
94	37	58	13	70	54	86	91	28	72

91 쪽 곱셈 · 나눗셈

1	2	3	4	5	6	7	8	9	10
188	210	488	196	295	476	288	213	376	138
11	12	13	14	15	16	17	18	19	20
344	78	243	448	75	243	216	402	203	558
21	22	23	24	25	26	27	28	29	30
26	37	45	91	42	13	68	79	24	63
31	32	33	34	35	36	37	38	39	40
81	75	43	64	72	51	98	56	82	94

92 쪽 필산 · 암산

1	2	3	4	5	6	7	8
1/126	119	5/10/37	40	360	4/95	17/4/2/28/0	59/35/6/63/0

9	10	11	12	13	14	15	16	17	18
148	204	228	480	276	315	280	243	236	486
19	20	21	22	23	24	25	26	27	28
98	42	73	28	61	85	52	68	40	87

93 쪽 필산 · 암산

1	2	3	4	5	6	7	8
1/116	129	3/10/16	7/10/34	3/280	3/216	26/12/3/36/0	84/24/1/12/0

9	10	11	12	13	14	15	16	17	18
256	468	104	192	162	205	196	477	304	582
19	20	21	22	23	24	25	26	27	28
19	54	84	38	72	29	63	12	58	95

13일차

94 쪽 덧셈 · 뺄셈

1	2	3	4	5	6	7	8	9	10
95	26	79	31	41	27	188	32	87	35
11	12	13	14	15					
98	28	82	29	128					

95 쪽 덧셈 · 뺄셈

1	2	3	4	5	6	7	8	9	10
26	113	20	138	26	108	28	60	25	123
11	12	13	14	15					
35	114	23	46	24					

96 쪽 곱셈 · 나눗셈

1	2	3	4	5	6	7	8	9	10
490	441	630	219	272	564	168	80	117	609
11	12	13	14	15	16	17	18	19	20
260	207	768	150	312	62	196	819	520	180
21	22	23	24	25	26	27	28	29	30
64	97	86	31	42	30	63	25	79	17
31	32	33	34	35	36	37	38	39	40
78	56	85	18	70	35	63	59	82	17

97 쪽 곱셈 · 나눗셈

1	2	3	4	5	6	7	8	9	10
736	148	774	159	256	434	243	95	246	392
11	12	13	14	15	16	17	18	19	20
96	74	432	84	200	342	177	304	115	357
21	22	23	24	25	26	27	28	29	30
42	17	59	68	87	54	38	29	12	95
31	32	33	34	35	36	37	38	39	40
83	74	65	46	39	27	18	23	10	69

98 쪽 필산 · 암산

1	2	3	4	5	6	7	8
1/104	1/107	12	5/10/27	160	5/114	59/25/4/45/0	16/7/4/42/0

9	10	11	12	13	14	15	16	17	18
75	532	333	249	168	284	520	48	522	469
19	20	21	22	23	24	25	26	27	28
28	23	67	14	79	70	85	23	66	51

99 쪽 필산 · 암산

1	2	3	4	5	6	7	8
1/103	1/85	30	1/10/3	3/672	1/558	19/5/4/45/0	65/24/2/20/0

9	10	11	12	13	14	15	16	17	18
34	301	171	325	192	232	108	256	406	162
19	20	21	22	23	24	25	26	27	28
55	63	34	39	73	20	76	45	52	11

14일차

100 쪽 덧셈 · 뺄셈

1	2	3	4	5	6	7	8	9	10
135	13	175	8	177	10	190	7	161	12
11	12	13	14	15					
180	3	124	13	151					

101 쪽 덧셈 · 뺄셈

1	2	3	4	5	6	7	8	9	10
21	159	26	128	25	106	22	42	28	101
11	12	13	14	15					
20	123	25	45	26					

102 쪽 곱셈 · 나눗셈

1	2	3	4	5	6	7	8	9	10
568	408	380	54	129	126	360	531	344	640
11	12	13	14	15	16	17	18	19	20
534	136	208	128	245	340	423	87	124	78
21	22	23	24	25	26	27	28	29	30
98	73	61	52	40	19	84	72	63	58
31	32	33	34	35	36	37	38	39	40
97	62	50	41	37	86	51	49	30	23

103 쪽 곱셈 · 나눗셈

1	2	3	4	5	6	7	8	9	10
72	190	581	486	42	316	360	136	486	203
11	12	13	14	15	16	17	18	19	20
180	189	640	552	180	174	511	368	54	552
21	22	23	24	25	26	27	28	29	30
37	52	14	90	68	51	42	67	98	36
31	32	33	34	35	36	37	38	39	40
18	72	35	49	64	31	56	87	29	82

104 쪽 필산 · 암산

1	2	3	4	5	6	7	8
1/123	95	51	2	204	1/72	13/5/1/15/0	21/8/4/0

9	10	11	12	13	14	15	16	17	18
45	315	168	378	104	144	108	632	246	672
19	20	21	22	23	24	25	26	27	28
21	31	27	56	48	87	29	59	82	13

105 쪽 필산 · 암산

1	2	3	4	5	6	7	8
117	89	5/10/26	52	180	2/104	86/56/4/42/0	53/10/6/0

9	10	11	12	13	14	15	16	17	18
360	64	194	492	387	305	294	111	392	424
19	20	21	22	23	24	25	26	27	28
25	53	49	92	70	16	13	74	97	80

15일차

106 쪽 덧셈 · 뺄셈

1	2	3	4	5	6	7	8	9	10
148	32	161	35	19	30	161	22	95	21
11	12	13	14	15					
110	25	167	22	84					

107 쪽 덧셈 · 뺄셈

1	2	3	4	5	6	7	8	9	10
22	49	21	172	29	116	8	190	13	217

⑪	⑫	⑬	⑭	⑮
21	138	25	127	26

108 쪽 곱셈 · 나눗셈

①	②	③	④	⑤	⑥	⑦	⑧	⑨	⑩
265	469	84	828	304	210	112	104	576	546
⑪	⑫	⑬	⑭	⑮	⑯	⑰	⑱	⑲	⑳
195	54	296	276	100	142	828	304	322	270
㉑	㉒	㉓	㉔	㉕	㉖	㉗	㉘	㉙	㉚
34	68	75	26	94	13	21	96	38	45
㉛	㉜	㉝	㉞	㉟	㊱	㊲	㊳	㊴	㊵
72	49	36	17	80	97	48	16	23	60

109 쪽 곱셈 · 나눗셈

①	②	③	④	⑤	⑥	⑦	⑧	⑨	⑩
185	294	126	201	228	120	80	186	504	108
⑪	⑫	⑬	⑭	⑮	⑯	⑰	⑱	⑲	⑳
328	490	259	188	72	260	783	39	680	128
㉑	㉒	㉓	㉔	㉕	㉖	㉗	㉘	㉙	㉚
42	17	59	68	87	54	38	29	12	95
㉛	㉜	㉝	㉞	㉟	㊱	㊲	㊳	㊴	㊵
83	74	65	46	39	27	18	23	10	69

110 쪽 필산 · 암산

①	②	③	④	⑤	⑥	⑦	⑧
1/111	1/63	2/10/15	70	26	1/416	17/6/4/42/0	38/9/2/24/0

⑨	⑩	⑪	⑫	⑬	⑭	⑮	⑯	⑰	⑱
351	258	350	343	728	134	380	186	182	348
⑲	⑳	㉑	㉒	㉓	㉔	㉕	㉖	㉗	㉘
14	75	97	94	52	71	68	96	86	20

김일곤 선생님

1965년 7. 「감사장」 무상 아동들의 교육을 위하여 군성중학교 설립 (제 275호)
1966년 7. 「장려상」 덕수상고 주최 전국 초등학교 주산경기대회
1967년 10. 「지도상」 경희대학교 주최 전국 초등학교 주산경기대회 우승
1968년 2. 서울시 초등학교 주산 보급회 창설
1969년 9. 「공로상」 대한교련산하 한주회(회장 윤태림 박사)
1970년 3. 「지도패」 봉영여상 주최 전국 주산경기대회 3년 연속 우승
1971년 10. 「지도상」 서울여상 주최 전국 주산경기대회 3년 연속 우승
1972년 7. 「지도상」 일본 주최 국제주산경기 군마현 대회 준우승, 동경대회 우승, 경도시 상공회의소 주최 우승
1972년 7. 일본 NHK TV 출연
1973년 4. 「지도상」 숙명여대 주최 한 · 일 친선 주산경기대회 우승
1973년 9. 「지도상」 공항상고 주최 전국 초등학교 주산경기대회 우승
1974년 12. 「공로상」 한국 주최 국제주산경기대회 우승
1975년 7. 「지도상」 서울수도사대 주최 서울시 초등학교 주산경기대회 우승
1976년 10. 「지도상」 대한교련 산하 한주회 주최 국제파견 1, 2, 3차 선발대회 우승
1977년 7. 「지도패」 제6회 일본 군마현 주최 주산경기대회 우승
1978년 4. 「지도상」 동구여상 주최 전국 주산경기대회 2년 연속 우승
1979년 6. MBC TV 출연 전자계산기와 대결 우승
1980년 6. 「지도상」 한국개발원 주최 해외파견 선발대회 우승
1981년 8. 「감사장」 일본 기후시 주최 국제주산경기대회 우승
1982년 8. 「감사패」 자유중국 대북시 주최 국제주산경기대회 우승
1983년 9. 「지도상」 한국일보 주최 전국 암산왕선발대회 3년 연속 우승
1983년 11. KBS TV '비밀의 커텐', '상쾌한 아침' 출연

1983년 11.	MBC TV '차인태의 아침 살롱' 출연
1984년 1.	MBC TV '자랑스런 새싹들' 특별 출연
1984년 10.	「공로패」 국제피플투피플 독일 파견대회 우승
1984년 12.	「지도상」 한국 주최 세계기록 주산경기대회 우승
1985년 12.	「감사패」 자유중국 주최 제3회 세계계산기능대회 대한민국 대표로 참가 준우승
1986년 8.	「공로패」 일본 동경 주최 국제주산경기대회 우승
1986년 10.	「공로패」 조선일보 주최 전국 주산경기대회 3년 연속 우승
1987년 11.	「지도패」 학원총연합회 주최 문교부장관상 전국 주산경기대회 3년 연속 우승
1987년 12.	「공로패」 일본 주최 제4회 세계계산기능대회 참가
1989년 8.	「감사패」 일본 동경 주최 제5회 세계계산기능대회 참가
1991년 12.	자유중국 주최 제6회 세계계산기능대회 참가
1993년 12.	대한민국 주최 제7회 세계계산기능대회 참가
1996년. 1.	「국제주산교육 10단 인증」 싱가포르 주최 국제주산교육 10단 수여
1996년 12.	「공로패」 중국 주최 국제주산경기대회 참가 우승
2003년 8.	MBC TV '특종 놀라운 세상 암산기인 탄생' 출연
2003년 9.	사단법인 국제주산암산연맹 창설
2003년 6월~ 2004년 3월	연세대학교 창업교육센터 YES셈 주산교육자 강의

【 저 서 】

독산 가감산 및 호산집

주산 기초 교본(상 · 하권)

주산식 기본 암산(1, 2권)

매직셈 주산 기본 교재

매직셈 연습문제(덧셈, 곱셈, 뺄셈, 나눗셈)

주산암산수련문제집